Wichtige Versorgungslücken schließt die SV Rentenversicherung.
0°C
0°C
Wir beraten Sie gern.
Sie finden uns in nahezu jeder Gemeinde in unseren SV Geschäftsstellen und bei unseren Partnern in allen Sparkassen.
Was auch passiert:
Sie haben ja uns!
Sparkassen Versicherung
Sparkassen-Finanzgruppe · www.sparkassenversicherung.de

Günter W. Schmitt

Grundlagen der Informations- und Kommunikationstechnologie

für Studierende der Wirtschaftswissenschaften
mit dem Nebenfach „Wirtschaftsinformatik“
für Praktiker aus Wirtschaft und Verwaltung

Verlag Wissenschaft & Praxis

Bibliografische Information der Deutschen Bibliothek

Die Deutsche Bibliothek verzeichnet diese Publikation in der Deutschen Nationalbibliografie; detaillierte bibliografische Daten sind im Internet über http://dnb.ddb.de abrufbar.

ISBN 3-89673-262-5

Dr. Brauner GmbH 2005
D-75447 Sternenfels, Nußbaumweg 6
Tel. 07045/930093 Fax 07045/930094

Printed in Germany

Vorwort

Spezifische Kenntnisse über Informations- und Kommunikationssysteme werden nicht nur von technischen Spezialisten gefordert, sondern sind Grundvoraussetzung für erfolgreiche Fach- und Führungskräfte eines Unternehmens. Dieses Buch wendet sich primär an Studierende der Wirtschaftswissenschaften, die sich auf ihre Berufstätigkeit im Unternehmen vorbereiten. Aufgrund der anwendungsorientierten Darstellungsweise können jedoch auch Praktiker von dem Werk profitieren, die im betrieblichen Alltag mit Fragen der Informations- und Kommunikationstechnologie konfrontiert werden.

Je nach betrieblicher Aufgabenstellung müssen Mitarbeiter in der Unternehmenspraxis mehr oder weniger eng mit IT-Spezialisten zusammenarbeiten, sei es in Projekten oder im Tagesgeschäft. Gleichwohl wollen und können sie in der Regel selbst keine IT-Spezialisten sein, die die Informations- und Kommunikationssysteme erstellen. Sie müssen jedoch in der Lage sein, mit den „Technikern" zu kommunizieren und die Lösungen kompetent einzusetzen oder aus fachlicher Sicht mitzuentwickeln.

Aufbau und Inhalt des vorliegenden Buches orientieren sich konsequent an den Anforderungen dieser Zielgruppe und konzentrieren sich auf das für betriebswirtschaftliche Fragestellungen Wesentliche. IT-Themen werden vorwiegend aus der Sicht der Fachabteilung erörtert und nur soweit zum Verständnis nötig aus dem Blickwinkel der IT-Abteilung betrachtet. Dennoch richtet sich der Fokus auf Inhalte der Informations- und Kommunikationstechnologie, jedoch in einer Form, die möglichst nahe an konkreten Beispielen aus dem betrieblichen Alltag bleibt.

Der Zielsetzung, betriebliche Praxis und Lehre zusammen bringen, entspricht auch der Hintergrund dieses Buches. Es entstand im Klima einer engen Zusammenarbeit von namhaften Wirtschaftsunternehmen und dem Fachbereich Wirtschaft der Fachhochschule in Wiesbaden und baut auf langjähriger fundierter Erfahrung des Autors in beiden Bereichen auf.

Prof. Dr. Jakob Weinberg
Dekan des Fachbereichs Wirtschaft
der Fachhochschule Wiesbaden

Einführung und Danksagung

Auch eine anwenderorientierte Hinführung zu Informations- und Kommunikationstechnologien kommt ohne technischen Exkurs nicht aus, denn die wirtschaftlichen Möglichkeiten, Begrenzungen und Risiken des Zusammenwirkens von Datenverarbeitung und Telekommunikation sind ohne ein Grundwissen zur Technik nicht zu verstehen. Die beiden ersten Kapitel dieses Buches befassen sich deshalb mit Datenverarbeitung und Telekommunikation. Dabei ist es uns ein Anliegen, elementare Begriffe wie Mikroprozessor und Datenbank oder Internet und Multimedia nicht einfach Begriff oder gar Worthülse sein zu lassen, sondern sie mit Inhalt zu füllen.

Vor allem in Projekten zur Einführung und Weiterentwicklung von Anwendungssystemen, aber auch im Tagesgeschäft, kommen Wirtschaftswissenschaftler und Wirtschaftsingenieure um die Kommunikation mit IT-Spezialisten nicht herum. Darum ist es uns wichtig, den Prozess der Erstellung von Anwendungssystemen transparent zu machen und Orientierung bei der Beschreibung fachlicher Anforderungen an Anwendungssysteme zu geben. Wir legen dabei Wert auf aktuelle und moderne Vorgehensweisen und Dokumentationsmuster. Die beiden nächsten Kapitel gelten deshalb dem Unified Software Development Process und Anwendungssystemen in der Wirtschaft.

Ohne das erfolgreiche Zusammenwirken von Datenverarbeitung und Telekommunikation wäre das Feld des e-Commerce undenkbar. E-Commerce steht hier als Beispiel für eine bedeutende technologiegetriebene Umwälzung in der Wirtschaft, auf die es zu reagieren bzw. noch besser, die es mitzugestalten gilt. Wer die Zeichen der Zeit rechtzeitig erkennt, kann enorm davon profitieren; wer zu spät kommt, den bestraft der Kunde. Die gebotenen Entscheidungen zur Sicherung des Unternehmenserfolgs rechtzeitig zu treffen, ist die vornehmste Aufgabe des Informationsmanagement. Aus diesem Grund sind e-Commerce und Informationsmanagement die Themen der beiden letzten Kapitel.

So spiegelt auch die Abfolge der Kapitel unser Ziel, den Bogen von der technischen Seite der Informations- und Kommunikationstechnologien über die Anwendungssysteme und ihren Erstellungsprozess hin zu den unternehmerischen Entscheidungen zu spannen. Auch wenn wir uns mit technischen Details befassen, haben wir immer den wirtschaftswissenschaftlich orientierten Mitarbeiter der Unternehmen im Blickwinkel, der unter den Rahmenbedingungen von Informations- und Kommunikationstechnologien arbeiten und entscheiden muss.

Entstanden ist dieses Buch nicht nur im stillen Kämmerlein des Autors. Vielmehr bedurfte es mannigfaltiger Unterstützung durch Paten und Helfer.

So brauchen Bücher ansprechende Beispiele. Dem Fachbereich Wirtschaft der Fachhochschule Wiesbaden, der Sparkassenversicherung Stuttgart und dem Volkswagenkonzern danken wir in diesem Zusammenhang für die Erlaubnis, Abbildungen in dieses Werk übernehmen zu dürfen.

So brauchen Bücher Gedankenaustausch und Rückmeldung. Katharina, Studentin an der Phillips-Universität Marburg, hat die Rolle einer ersten Leserin übernommen und wertvolle Anregungen aus der Sicht der studentischen Zielgruppe gegeben.

So ist der Druck eines Lehrbuchs nicht ganz billig. Herr Dr. Korbach, Mitglied des Vorstands der Sparkassenversicherung, hat hier materielle Unterstützung vermittelt. Gern lenken wir die Aufmerksamkeit der Leser auf die Anzeige des Unternehmens.

So brauchen Bücher Zeit. Ich war mal wieder ein meist sehr beschäftigtes Familienmitglied, das für andere, auch wichtige, Dinge nicht zur Verfügung stand und dafür um Nachsicht bat.

Danke!

Günter W. Schmitt

Inhaltsverzeichnis

1 Datenverarbeitung

Datenverarbeitung und Telekommunikation existierten im Bewusstsein ihrer Nutzer lange Zeit nebeneinander, auch wenn es gemeinsame technologische Grundlagen gab, z.B. elektronische Bausteine. Mit Datenverarbeitung war die elektronische Verarbeitung von Daten gemeint und diese war durch den Begriff „Computer“ charakterisiert. Bei der Telekommunikation ging es um die Übermittlung von Informationen über Entfernungen und man dachte an das Telefon oder an Hörfunk und Fernsehen. Die Verbindung beider Technologiefelder war die Geburtstunde dessen, was wir heute unter Informationstechnologie (IT) verstehen.

Dieses erste Kapitel befasst sich mit der Datenverarbeitung. Dabei kommen auch Studierende der Wirtschaftswissenschaften und Praktiker um einige grundlegende Kenntnisse und etwas Technik nicht herum, denn ohne diese ist es nicht möglich, IT-Sachverhalte zu beurteilen sowie Möglichkeiten und Begrenzungen der Datenverarbeitung zu verstehen. Der erste Abschnitt dieses Kapitels gilt deshalb der Automatik, denn Computer sind Rechenautomaten. Der zweite Abschnitt geht auf die technologischen Grundlagen moderner Computer ein, das ist die Mikroelektronik. Der nächste Abschnitt befasst sich mit elementaren Hardwarekomponenten, die jeder Computer benötigt und der Systemsoftware zu ihrem Zusammenspiel, dem Betriebssystem. Der letzte Abschnitt beleuchtet Grundprinzipien der Datenhaltung, ohne die nicht verständlich wird, was Datenbanken leisten und was sie nicht leisten. Den Abschluss bildet eine Zusammenfassung mit Literaturhinweisen.

1.1 Automatik

Damit Daten verarbeitet werden können, müssen sie in einer für einen Computer verarbeitbaren Form dargestellt werden. Dies ist Thema des ersten Teils. Dann klären wir, was einen Automaten ausmacht und werden erkennen, dass Computer Rechenautomaten sind.

1.1.1 Zahlensysteme

Um mit einer Maschine Informationen verarbeiten zu können, müssen diese maschinenlesbar dargestellt werden. Durchgesetzt hat sich in der Datenverarbeitung eine binäre Darstellung, die auf lediglich zwei Zeichen zurückgreift, die „0“ und die „1“. Mit diesem Dualsystem verwandt ist unser gewohntes Dezimalsystem, hier stehen jedoch zehn Zeichen zur Verfügung: „0“, „1“, „2“, „3“, „4“, „5“, „6“, „7“, „8“ und „9“.

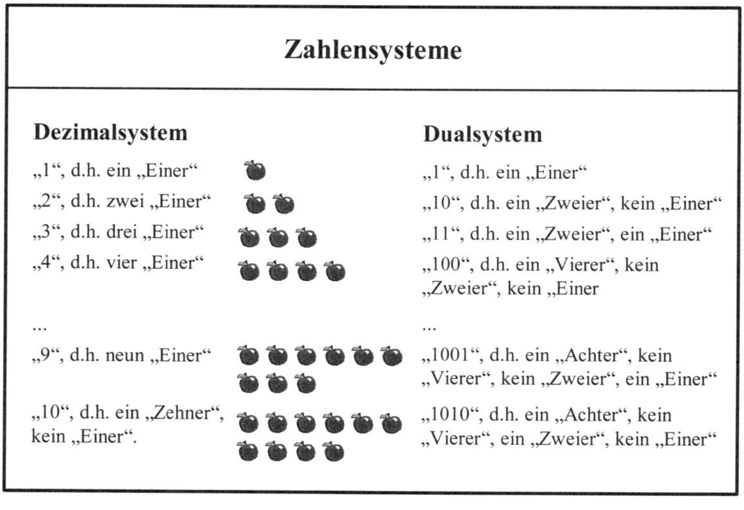

Abb. 1-1: Zahlensysteme

Zum bessern Verständnis lohnt es sich daran zu erinnern, was wir in der Grundschule dazu gelernt haben. Wir haben nämlich mit „Einern", „Zehnern", „Hundertern" usw. gerechnet. Ob eine Ziffer für einen „Einer" oder einen „Zehner" oder einen Hunderter stand, das ergab sich aus der Stellung der Ziffer. Ganz rechts standen die „Einer", links davon folgten die „Zehner" und dann die „Hunderter". Wenn wir eine Zahl benennen sollten, dann haben wir einfach die „Einer", „Zehner" und „Hunderter" aufaddiert und wussten, was die Ziffernfolge aus 0", „1", „2", „3", „4", „5", „6", „7", „8" und „9" bedeuten sollte. Irgendwann haben wir das als selbstverständlich hingenommen und uns weiter nichts mehr dabei gedacht. Nichts anderes geschieht im Dualssystem. Es gibt lediglich nur noch zwei Ziffern, nämlich die „0" und die „1" und die ganz rechte Stelle bedeutet „Einer", die nächste links davon „Zweier"; dann folgen die „Vierer", „Achter" usw. Wenn wir eine Zahl benennen sollen, dann addieren wir einfach die „Einer", „Zweier", „Vierer" und „Achter" auf und können wissen, was die Ziffernfolge aus 0" und „1" bedeuten soll. Unsere Schwierigkeit besteht ausschließlich darin, dass wir diese Art der Darstellung nicht gewohnt sind. Für eine Rechenmaschine jedoch ist diese Art der Darstellung viel praktischer, sie muss nämlich nur „0" und „1" darstellen und verarbeiten können. Und das ist erheblich einfacher, als wenn dies mit zehn verschiedene Zeichen geschehen müsste.

1.1.2 Bits und Bytes

Vielleicht werden Sie jetzt denken, in der Datenverarbeitung müssten nicht nur Zahlen sondern auch Texte mit den Buchstaben von A bis Z und Sonderzeichen wie Punkt und Komma verarbeitet werden, z.B. durch das Textverarbeitungsprogramm, mit dessen Hilfe dieses Buch geschrieben wurde. Damit dies möglich ist, müssen auch diese Zeichen in binärer Form, d.h. nur mit „0" und „1" dargestellt werden können und mit diesem Ziel vor Augen unterhalten wir uns jetzt über „Bits" und „Bytes".

Bei unserer Diskussion über Zahlensysteme haben wir ja schon bemerkt, dass für die Darstellung der wohlbekannten, einstelligen „4" aus dem

Dezimalsystem im Dualsystem eine 3-stellige Darstellung aus „0“ und „1“ erforderlich ist, nämlich „100“. Jede dieser Stellen nennt man ein Bit, wobei ein Bit die Werte „0“ oder „1“ annehmen kann, also lediglich zwei verschiedene Werte. Fasst man nun eine Folge aus mehreren Bits zu einer Einheit zusammen, so können erheblich mehr verschiedene Werte dargestellt werden. Deren Anzahl erhöht sich mit der Anzahl der zu einer Folge zusammen gepackten Bits von 2 über 4 auf 8 und 16. Das lässt sich mathematisch genau darstellen, es sind nämlich jeweils 2^n Möglichkeiten, wobei „n“ für die Anzahl der zusammengefassten Bits steht und die „2“ ausdrückt, dass wir mit einem Dualsystem arbeiten.

Bits und Bytes

Bytes	**Anzahl der Darstellungsmöglichkeiten**
aus einem Bit:	"0", "1"
aus zwei Bit:	"00", "01", "10", "11"
aus drei Bit:	"000", "001", "010", "011" "100", "101", "110", "111"
aus vier Bit:	"0000", "0001", "0010", "0011" "0100", "0101", "0110", "0111" "1000", "1001", "1010", "1011" "1100", "1101", "1110", "1111"
...	....

Abb. 1-2: Bits und Bytes

Ein Byte aus vier Bits ermöglicht also die Darstellung von 16 verschiedenen Zeichen. Das genügt aber nicht für 26 Buchstaben von „A“ bis „Z“, zehn Dezimalziffern von „0“ bis „9“ und viele Sonderzeichen. Deshalb haben sich in der Praxis Bytes aus acht Bit durchgesetzt. Bei diesen hat man 2^8, das sind insgesamt 256 Möglichkeiten.

Jetzt muss nur noch vereinbart werden, welche der 256 Möglichkeiten für welchen Buchstaben, welche Zahl bzw. welches Sonderzeichen stehen soll. So könnten wir z.B. verabreden, dass die Bitfolge „0000000" der dezimalen Null entspricht, die Bitfolge „00000001" der dezimalen Eins, die Bitfolge „00000010" der dezimalen Zwei, die Bitfolge „11000001" dem Buchstaben „A" und die Bitfolge "01101111" dem Punkt. Diese Zuordnung uns geläufiger Zeichen zu Bitfolgen nennt man einen Code, denn mit ihm werden uns geläufige Ziffern, Buchstaben und Zeichen so kodiert, dass sie von einer Rechenmaschine verarbeitet werden können. In der Datenverarbeitung durchgesetzt haben sich der ASCII- und der EBCDI-Code, an den unsere Beispiele angelehnt sind.

1.1.3 Automaten

Wie das Wort „Datenverarbeitung" schon ausdrückt, geht es nicht nur um die Darstellung von Daten sondern auch um ihre Verarbeitung. Und da dies „automatisch" geschehen soll, machen wir uns kurz klar, was ein Automat ist.

Automaten sind keine Erfindung der Neuzeit, vielmehr gab es sie schon im Mittelalter. Beispiele dafür sind astronomische Uhren, z.B. diejenige im Straßburger Münster. Bei dieser nehmen im Lauf des Tages nicht nur die Uhrzeiger eine bestimmte Stellung ein, sondern es werden auch die Mondphasen auf einer Scheibe dargestellt, um 12:00 Uhr Mittags bewegen sich bestimmte Figuren in einer genauen zeitlichen Abfolge, der Arm einer Figur wird erhoben und eine Glocke geschlagen. Ein offensichtlich wiederholt ausführbarer Ablauf wird nach einem festen Programm abgewickelt. Das Programm zur Steuerung des Ablaufs ist gespeichert auf Walzen, Scheiben oder Trommeln. Seine Ausführung wird ausgelöst durch einen äußeren Eingriff, z.B. das Umlegen eines Hebels und es bedarf einer Energiequelle zur Ausführung, z.B. von gespannten Federn.

Die Technik, die wir gerade beschrieben haben, ist eine mechanische aus vergangenen Jahrhunderten. Das Prinzip jedoch ist auch dasjenige moderner Roboter, wie sie z.B. in der Fertigungsindustrie eingesetzt werden. Immer wieder werden zwei Metallteile nach einem festen Programm zusammengeschweißt. Das Programm zur Steuerung des Ablaufs ist gespeichert. Seine Ausführung wird durch ein äußeres Ereignis ausgelöst, z.B. durch einen Knopfdruck und als Energiequelle benützen wir elektrischen Strom.

Computer sind Rechenautomaten, die Buchstaben, Zahlen, Bild- und Tonmuster verarbeiten. Ein festgelegtes Programm mit definierten Verarbeitungsschritten läuft immer wieder ab, mit wechselnden Daten. Der Ablauf wird ausgelöst durch einen äußeren Eingriff, z.B. einen Startbefehl oder das Drücken der Entertaste an der Tastatur. Die Energiequelle ist elektrischer Strom aus der Steckdose oder aus der Batterie des Notebooks.

1.2 Mikroelektronik

Die Technik der modernen Datenverarbeitung ist eine andere als die gerade skizzierte vergangener Zeiten mit Walzen, Trommeln und Scheiben. Die Technik heutiger Datenverarbeitung ist die Mikroelektronik.

Der Abschnitt hierzu ist in vier Teile aufgeteilt. Jeder beantwortet eine Frage zu Begriffen mit denen wir immer wieder konfrontiert werden (und die wir notgedrungen auch selbst benutzen), ohne dass wir uns i.d.R. zu fragen getrauen, was es denn eigentlich damit auf sich hat:

- Was ist ein Halbleiter und warum finden sie Verwendung in Datenverarbeitung (und Telekommunikation)?
- Was ist eine Diode und warum benötigen IT-Komponenten eine Stromversorgung?
- Was ist ein Chip und warum sind sie die Grundlage unserer heutigen Informationstechnologie?
- Was sind Mikroprozessoren und wofür sind sie gut?

1.2.1 Halbleiter

Ein Halbleiter ist ein chemischer Stoff, der bei Normaltemperaturen ein schlechter elektrischer Leiter ist, d.h. elektrische Ströme nur mäßig leitet. Die Leitfähigkeit nimmt jedoch zu bei Erwärmung bzw. wenn man den Halbleiter gezielt mit Atomen geeigneter anderer chemischer Elemente verunreinigt; letzteres nennt man Dotierung. Durch geeignete Dotierung kann man Halbleiter so aufbereiten, dass sie bei Normaltemperaturen gezielt Ströme leiten oder nicht. Wir erinnern uns jetzt an die weiter oben herausgearbeitete Möglichkeit alle Informationen in einem Binärcode (d.h. ausschließlich mit „0“ und „1“) darzustellen. Fließt ein Strom in einem Halbleiter, so kann man dies als „1“ interpretieren; fließt dagegen kein Strom im Halbleiter als „0“. Deshalb sind Halbleiter für die Datenverarbeitung so gut geeignet.

Gut beherrscht wird die zur Aufbereitung der Halbleiter nötige Technologie z.Z. für das chemische Element „Silizium“ und so basiert die heutige Informationstechnologie weitgehend auf Silizium. Dabei geht es zunächst darum, Siliziumkristalle mit einer fehlerlosen Kristallstruktur zu gewinnen (sog. Einkristalle) und diese dann in geeigneter Weise gezielt mit Fremdatomen zu verunreinigen. Ausgangsstoff ist Quarzsand und am Ende eines technisch aufwendigen Prozesses, den wir in Abbildung 1-3 etwas näher skizzieren, stehen reine Siliziumeinkristalle, die für die Dotierung geeignet sind. Den Industriezweig, der sich diesem Prozess widmet, nennen wir gemeinhin die Halbleiterindustrie.

Kristallzüchtung

Ziel: hohe Stoffreinheit und hohe Kristallperfektion

- Ausgangsstoff Siliziumdioxid in der Form von Quarzkristallen aus natürlichen Lagerstätten
- Überführung in eine flüssige Siliziumverbindung die sich durch Destillationsverfahren in hohem Maß reinigen lässt
- Gewinnung von polykristallinem Reinsilizium durch chemische Reduktion der Siliziumverbindung
- Züchtung von Silizium-Einkristallen aus Siliziumschmelzen

Abb. 1-3: Kristallzüchtung

Natürlich ist nicht gesagt, dass Silizium für alle Zeit seine dominierende Rolle behält. Es könnte auch durch andere Halbleiter wie Germanium oder Gallium ersetzt werden, aber dies wäre eine auch wirtschaftlich bedeutende Umwälzung.

1.2.2 Diode

Wir behalten weiter unser Ziel im Auge, Informationen in Form eines Binärcodes zu speichern und zu verarbeiten. Dieser Binärcode wird abgebildet durch fließende oder nicht fließende elektrische Ströme. Das elektronisches Bauteil, das zwischen diesen beiden Zuständen sehr schnell hin- und herschalten kann, nennen wir „Diode“. Da die heutige IT-Technik auf Halbleitern aufbaut, sind die verwendeten Dioden „Halbleiterdioden“, obwohl Dioden auch auf anderer Basis möglich sind, z.B. als Röhrendioden. Diese sind jedoch mit Halbleiterdioden nicht wettbewerbsfähig, weder von der Schnelligkeit, der Robustheit noch vom Preis her. Dennoch ist es kein ehernes Gesetz, dass Dioden für alle Zeit auf Halbleitern basieren müssen. Eine Veränderung wäre jedoch eine technologische Revolution mit weitreichenden wirtschaftlichen Konsequenzen.

Halbleiterdiode

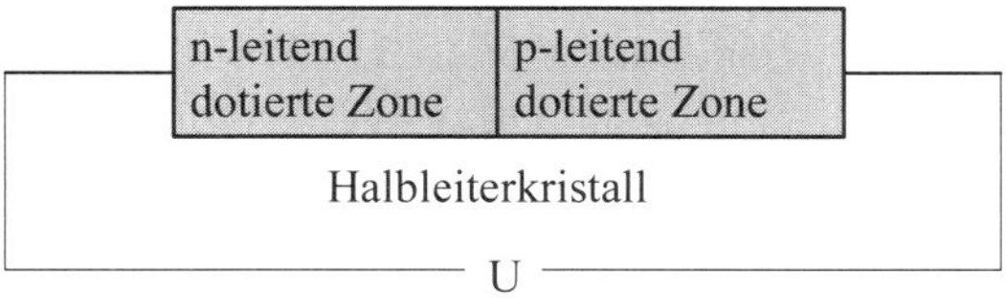

- Halbleiterdiode wirkt als digitaler Schalter
- unempfindlicher als Röhrendioden
- geringere Wärmeentwicklung erlaubt dichtere Packung in elektronischen Schaltungen

Abb. 1-4: Halbleiterdiode

Was aber ist eine Halbleiterdiode bzw. wie wird sie hergestellt? Zunächst wird ein Stück eines Siliziumeinkristalls mit zwei unterschiedlichen Sorten von Fremdatomen dotiert. Die einen bewirken einen Elektronenüberschuss (n-Leitfähigkeit) und die anderen einen Elektronenmangel (p-Leitfähigkeit) im Halbleiter. An der Grenzschicht zwischen diesen unterschiedlich dotierten Abschnitten des Halbleitkristalls bildet sich ein Bereich aus, der bei Normaltemperaturen keine elektrischen

Ströme leitet. Bei Anlegen einer geeigneten elektrischen Spannung „U“ kann dieser nicht leitende Bereich verbreitert werden, d.h. es fließt weiterhin kein Strom (unsere „0“) oder der Bereich kann so reduziert werden, dass doch ein kräftiger Strom fließt (unsere „1“).Eine Diode ist also ein digitaler Schalter mit zwei Zuständen: „0“ und „1“. Gelegentlich fließt ein „Strom“ und damit verbunden ist eine gewisse Wärmeentwicklung. Elektronischen Bauteile können deshalb nicht beliebig dicht gepackt werden und die Ableitung entstehender Wärme kann bei IT-Komponenten eigene Vorkehrungen erfordern, z.B. Lüfter.

1.2.3 Chip

Jetzt sind wir in der Lage, zu erklären, was ein Chip ist. Ein Chip ist eine Ansammlung von elektronischen Schaltelementen wie z.B. die soeben besprochenen Dioden. Derartige Schaltungen wurden schon vor dem Aufkommen der Halbleitertechnologie gebaut, wobei jedoch die einzelnen Komponenten auf einer Glas- oder Keramikplatte einzelnen montiert wurden. Über Leiterbahnen (d.h. Strom leitende Bahnen aus Metall auf der nicht leitenden Keramikplatte) wurden sie mit einander verbunden und mit Strom versorgt. Komplizierte Schaltungen benötigten jedoch viel Platz und viel elektrische Energie; sie waren vergleichsweise wenig robust und teuer. Mit Aufkommen der Halbleitertechnologie hat sich dies entscheidend verändert. Denn nun werden (wie bei der Diode besprochen) in einer genau ausgetüftelten Anordnung ausgewählte Bereiche einer etwa 0,5 mm dicken Scheibe eines Siliziumeinkristalls unterschiedlich mit Fremdatomen dotiert und dann metallische Leiterbahnen aufgedampft um elektrische Spannungen anlegen und elektrische Ströme leiten zu können. Es handelt es sich um einen technologisch anspruchsvollen Prozess, bei dem aus Halbleitern komplizierte elektronische Bauteile hergestellt werden (Siehe Abbildung 1-5).

Chipherstellung
• Grundlage 0,5 mm dicke Scheiben von Siliziumeinkristallen mit geätzter und chemisch polierter Oberfläche • Oxidieren der Oberfläche, Aufbringen eines lichtempfindlichen Lacks und Belichtung mit einer Maske, welche die Struktur der integrierten Schaltung aufweist • Fotolack entwickeln, unbelichteten Lack chemisch entfernen, Oxid an den fotolackfreien Stellen wegätzen • Dotieratome diffundieren an den oxidfreien Stellen in den Kristall (z.B. für p-leitende Zonen) • Wiederholung des Verfahrens für n-leitende Zonen • Aufdampfen von Metall für die leitende Verbindung der Bauelemente

Abb. 1-5: Chipherstellung

Die elektronischen Komponenten (Dioden, Kondensatoren, usw.) werden dabei untrennbar in das Trägermaterial (die Siliziumeinkristallscheibe) eingebaut. Deshalb nennt man einen Chip auch eine monolithische Halbleiterschaltung. Leistungsfähigkeit und Robustheit elektronischer Komponenten konnten so bei enormer Kostenreduzierung gewaltig gesteigert werden. Ohne die technologische Revolution des Chips würde es Datenverarbeitung und auch Telekommunikation in der uns heute bekannten Form nicht geben.

1.2.4 Mikroprozessor

Mit der technischen Optimierung der angesprochenen Herstellungsprozesse war eine fortschreitende Miniaturisierung elektronischer Komponenten möglich. Dadurch konnten immer mehr von ihnen zusammen auf einen Chip gepackt und so immer komplizierte Funktionen abgebildet werden. Manche elektronische Schaltungen dienen dem Abspeichern und der Wiedergabe von Informationen (Speicherschaltungen), mit anderen können Informationen nach vorgegebenen Regeln verarbeitet werden (Logikschaltungen). Für die Datenverarbeitung benötigt man beides, denn Informationen müssen nicht nur gespeichert sondern auch verarbeitet werden.

Mikroprozessor

- wachsende Integrationsdichte elektronischer Schaltungen erlaubt komplexe Funktionalität
- Logikschaltungen können programmierbar gestaltet werden und verarbeiten Informationen nach vorgegebenen Regeln
- Datenspeicher sowie Ein- und Ausgabeschaltungen können mit auf den Chip aufgebracht werden
- Die Integration von Sensoren und Aktoren erlaubt das Messen, Steuern und Regeln technischer Anlagen
- Anwendungen finden sich in der Telekommunikation, der Mess- Steuer- und Regeltechnik (z.B. bei Haushaltsmaschinen) oder der Datenverarbeitung

Abb. 1-6: Mikroprozessor

Andere elektronische Schaltungen dienen der Umwandlung der Messwerte von Temperaturfühlern und der Steuerung von Lüftern oder Heizspiralen, verwendbar z.B. in komplexen Fertigungsautomaten oder in simplen Waschmaschinen. So wurden im Lauf der Zeit neben den für viele Zwecke einsetzbaren (universellen) Standardschaltungen auch Schaltungen für ganz spezielle Zwecke gefertigt, z.B. wie erwähnt, für die Steuerung von Haushaltsmaschinen. Wird eine elektronische Schaltung für einen speziellen Zweck benötigt, dann muss jedoch nicht immer eine spezielle Schaltung entwickelt werden. Vielmehr lassen sich fest auf einem Chip verdrahtete Logikschaltungen durch Programme modifizieren. Diese Programme können fest oder austauschbar auf dem Chip gespeichert werden und erweitern das Einsatzfeld von Standardschaltungen enorm. Solche programmierbare elektronische Schaltungen nennen wir einen Mikroprozessor. Anwendungen finden sie der Steuer- und Regeltechnik, in der Telekommunikation und eben in der Datenverarbeitung.

1.3 Computer

In den vorausgehenden Abschnitten haben wir erfahren, dass moderne Computer Rechenautomaten auf Basis der Halbleitertechnologie sind. Sowohl die zu verarbeitenden Daten als auch das Programm zur Steuerung des Ablaufs im Rechenautomaten sind auf geeigneten Speichermedien hinterlegt und können schnell abgerufen werden. Der Verarbeitungsprozess selbst ist geprägt vom grundlegenden Aufbau der Rechner. Deshalb beleuchten wir die einzelnen (Hardware-)Komponenten und die Systemsoftware zu ihrem Betrieb jetzt etwas näher.

1.3.1 Hardware

Die Hardwarearchitektur heutiger Rechner geht zurück auf John von Neumann. Primär gliedert sie sich in eine Eingabeeinheit (E), eine Zentraleinheit für die eigentliche Verarbeitung (V) und eine Ausgabeeinheit(A). Hier ist bereits im Kern angelegt, wie Datenverarbeitung heute geschieht, nämlich nach dem sog. EVA-Prinzip durch Eingabe, Verarbeitung und Ausgabe.

Die Zentraleinheit besteht aus Steuerwerk, Rechenwerk und dem Hauptspeicher. Sie ist sowohl intern als auch mit ihrem Umfeld über Datenwege verbunden. Im Hauptspeicher werden aktuell auszuführende Programmteile und die gerade zu verarbeitenden Daten vorgehalten. Hauptspeicher sind von ihrer technischen Beschaffenheit so ausgelegt, dass auf die dort hinterlegten Informationen sehr schnell zugegriffen werden kann. Ihr Umfang und auch ihre Ausgestaltung haben hohen Einfluss auf die Zugriffszeiten und damit indirekt auf die Rechnergeschwindigkeit. Deshalb diskutieren Sie mit ihrem PC-Händler, ob in ihrem privaten PC ein zusätzlicher Speicherchip (Kapazität in Megabyte) eingebaut werden soll oder ggf. auch einer mit einer besseren Zugriffszeit (gemessen in nsec). Steuer- und Rechenwerk bedienen sich aus dem Hauptspeicher bzw. legen ihre Arbeitsergebnisse dort wieder ab.

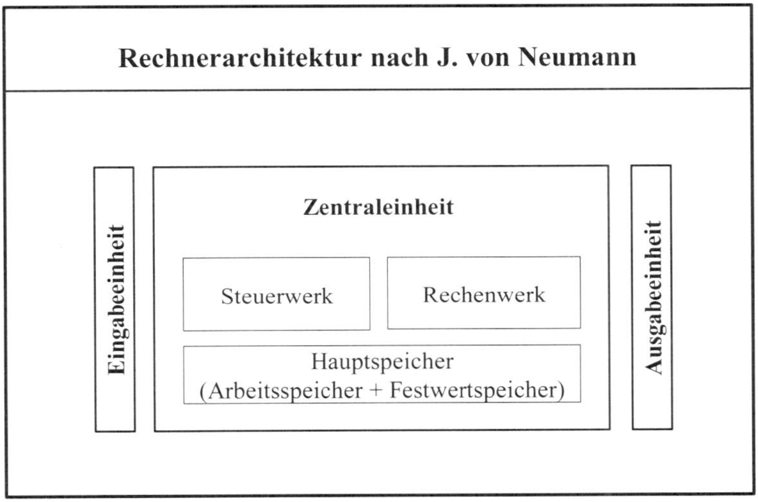

Abb. 1-7: Rechnerarchitektur

Das Steuerwerk kontrolliert nach Maßgabe des auszuführenden Programms den Ablauf der nötigen Operationen. Das kann der Transport genau festgelegter Eingabedaten an eine bestimmte Speicherstelle sein („Move“) oder die Addition der Inhalte von zwei bestimmten Speicherstellen („Add“). „Move“ und „Add“ sind hier Beispiele für die Befehle eines Programms, die vom Steuerwerk in richtiger Reihenfolge aus bestimmten Bereichen des Hauptspeichers (nämlich dort, wo das auszuführende Programm selbst hinterlegt ist) zu lesen und dann zu interpretieren sind. Ein Befehlszähler kennt die Speicheradresse des jeweils nächsten Befehls, so dass eine zügige Ausführung des Programms ermöglicht wird. Die Ausführung des Befehls selbst wird vom Steuerwerk an das Rechenwerk delegiert. Dieses ist unter Kontrolle des Steuerwerks für die Ausführung der Berechnungen zuständig. Aufgabe des Steuerwerks ist es also den Verarbeitungsprozess zu optimieren und dem Rechenwerk ein effizientes Arbeiten zu ermöglichen. Man könnte auch sagen, dass dem Steuerwerk eine dispositive und dem Rechenwerk eine operative Rolle zugewiesen wird.

Entscheidenden Einfluss auf die Verarbeitungsgeschwindigkeit von Steuer- und Rechenwerk hat neben dem Hauptspeicher die technische Auslegung der Zentraleinheit. Bei Ihrem PC sprechen wir hier vom Chip-Satz und der Taktrate. Der verwendete Chip-Satz weist technische Merkmale auf, die sich für bestimmte Prozessorserien ähneln und interessiert den Anwender in der Regel wenig. Über die Taktrate, ausgedrückt in MHz (Megahertz), jedoch muss sich, z.B. beim Kauf eines neuen PC's, jeder Gedanken machen. Je höher die Taktrate, desto höher ist die Verarbeitungsgeschwindigkeit, allerdings auch der geforderte Preis. Bei Großrechnern wird die Verarbeitungsgeschwindigkeit durch die sog. Instruktionsrate (in MIPS) ausgedrückt. MIPS bedeutet hier Mega-Instruktionen pro Sekunde, wobei „Mega", (wie überhaupt in der Datenverarbeitung) keine abstraktes Kultwort ist, sondern ganz konkret für eine Million steht.

1.3.2 Bussystem

Ein- und Ausgabeeinheit eines „Von Neumann"-Rechners sind für die Kommunikation mit dem Umfeld der Zentraleinheit zuständig. Das Umfeld besteht aus Eingabegeräten wie Tastatur oder Maus, aus Ausgabegeräten wie Bildschirm, Drucker oder Soundkarte bzw. aus Einheiten, die sowohl als Ein- als auch Ausgabegerät angesprochen werden können, z.B. Modem, ISDN-Karte und Permanentspeicher. Permanentspeicher können z.B. sog. Festplatten, Disketten, oder CD-ROMs sein. Sie heißen Permanentspeicher, weil im Gegensatz zum Hauptspeicher die hinterlegte Information nach dem Ausschalten des Rechners nicht verloren geht sondern beim erneuten Anschalten wieder verfügbar ist. Ihre Kapazität wird in MByte (Megabyte) oder GByte (Gigabyte) gemessen. Die Zugriffszeiten sind jedoch erheblich länger als bei Hauptspeichern und hängen auch hier von der technischen Auslegung ab. Auch alle anderen Ein- und Ausgabegeräte haben ihre technischen Merkmale wie z.B. die Bildschirmauflösung oder die eingehaltene Strahlenschutznorm. Sie alle sind jedoch einem so schnellen Wandel unterworfen, dass wir auf eine detailliertere Diskussion der aktuellen Gegebenheiten verzichten. Mit dem in diesem Buch vermittelten Verständnis der Grundprinzipien werden Sie jedoch in der Lage sein, sich bei Bedarf aktuell sachkundig zu machen.

Wir wenden uns hier noch der Kommunikation zwischen den verschiedenen Komponenten eines Rechners zu. Diese wird über sog. Bussysteme geregelt.

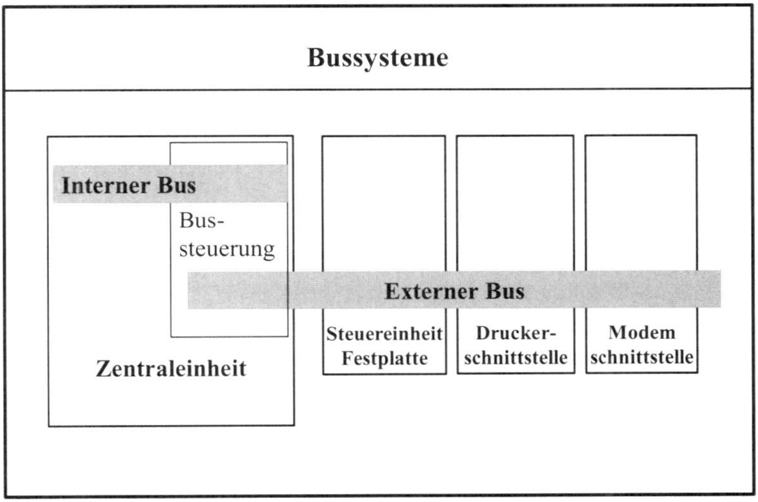

Abb. 1-8: Bussysteme

Der interne Bus verbindet die Komponenten innerhalb der Zentraleinheit, der externe Bus verbindet andere Rechnerkomponenten mit der Zentraleinheit. Die sog. Busbreite (gemessen in Bit) legt die Anzahl an Bits fest, die mit dem Bussystem gleichzeitig übertragen werden können. Durch die vermittelnde Funktion der Bussysteme hat die Busbreite ebenfalls ihren Einfluss auf die mit dem Rechner erreichbare Verarbeitungsleistung.

1.3.3 Betriebssystem

Neben den körperlichen Komponenten (Hardware) benötigen Rechenautomaten, wie wir bereits wissen, auch Programme (Software) um zu funktionieren. Bei der Software unterscheidet man gemeinhin zwischen Systemsoftware und Anwendungssoftware. Die Anwendungssoftware unterstützt direkt die betriebliche Funktion, z.B. Lagerverwaltung oder Textverarbeitung, und wir widmen ihr später ein eigenes Kapitel. Die Systemsoftware konzentriert sich auf das Zusammenspiel der Rechnerkomponenten und hat aus Sicht der Anwendungssoftware eine reine Dienstleistungsfunktion. Zur Systemsoftware rechnen wir z.B. Compiler oder Datenhaltungssysteme, von überragender Bedeutung jedoch sind Betriebssysteme.

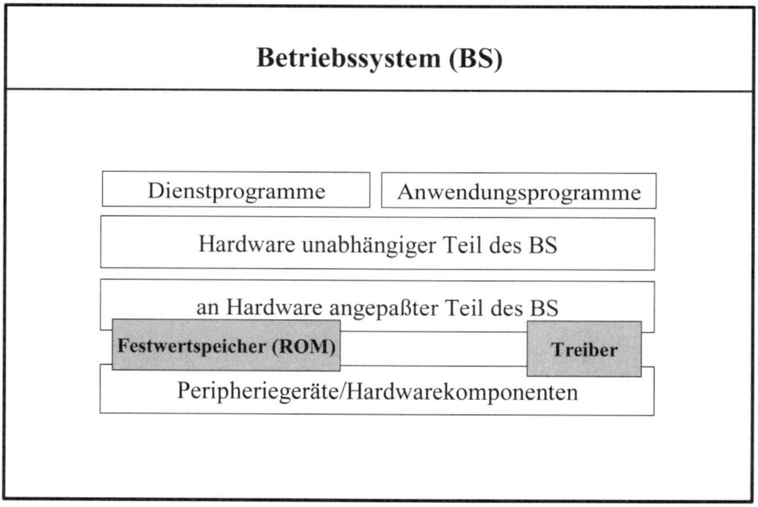

Abb. 1-9: Betriebssystem

Auch das Betriebssystem selbst muss, um auf dem Rechner ausführbar zu sein, in den Arbeitsspeicher (das ist ein bestimmter Teilbereich des Hauptspeichers) geladen werden. Dies geschieht erstmalig beim sog. Booten des Rechners (Starten) und erfolgt mit einem Ladeprogramm, das sich in einem anderen, nur lesbaren Teil des Hauptspeichers (dem sog. Festwertspeicher), befindet. In der Folge übernimmt das Betriebssystem dann Organisation und Verwaltung von Arbeits- und Permanentspeicher, lädt und kontrolliert die Anwendungsprogramme und stellt diverse Dienstleistungsprogramme zur Verfügung, z.B. dasjenige zur Verfolgung der Prozessorauslastung oder zur Verwaltung von mehreren Nutzern mit unterschiedlichen Zugriffsrechten.

Die Kommunikation mit den diversen Peripheriegeräten wie Druckern oder Modems wird über sog. Gerätetreiber sichergestellt. Gerätetreiber sind an die technische Auslegung des Peripheriegeräts angepasste Softwarekomponenten, die dessen Steuerung erlauben.

1.4 Datenorganisation

Die Bereithaltung von Daten auf Speichermedien ist nicht frei von Zielvorgaben, die teilweise miteinander in Konkurrenz stehen. So soll der verfügbare Speicherplatz optimal ausgenutzt und Datenredundanzen (d.h. die mehrmalige Abspeicherung derselben Information) vermieden werden. Ein schneller Zugriff auf die Daten und eine leichte Aktualisierung werden ebenfalls gewünscht. Die Auswertemöglichkeiten sollen flexibel und schnell wechselnden Bedürfnissen entsprechen können und natürlich sollen die Daten vor unberechtigter Nutzung, Manipulation oder Zerstörung geschützt sein. Diese vielfältigen Anforderungen erfordern ihrerseits vielfältige Dienstprogramme, wie sie von Datenbankmanagementsystemen oder Dokumentenverwaltungssystemen geboten werden. Dokumentenverwaltungssysteme verwalten unformatierte Daten wie ganze Briefe oder Bilder. Ihnen ist ein Abschnitt im letzten Kapitel dieses Buches gewidmet. Datenbankmanagementsysteme verwalten formatierte Daten wie Personaldaten oder Vertrags- und Lagerdaten. Auf sie konzentriert sich der folgende Abschnitt. Zunächst arbeiten wir heraus, was formatierte Daten ausmacht, dann beleuchten wir Datenbanken und Datenbankmanagementsysteme und zum Schluss gehen wir auf „Data Dictionaries“ ein.

1.4.1 Formatierte Daten

Formatierte Daten nennen wir all diejenigen Daten, die in Dateien oder Tabellen hinterlegt werden und in Abhängigkeit vom verfügbaren Datenhaltungssystem mehr oder weniger komfortabel miteinander verknüpft werden können. Im folgenden Bild machen wir uns dies am Beispiel von Personalstammdaten klar, die Daten zu den einzelnen Mitarbeitern eines Unternehmens beinhalten. Zunächst ist für alle Mitarbeiter in gleicher Weise festgelegt, welche Daten zu ihnen vorgehalten und verwaltet werden sollen, z.B. Personalnummer, Name, Vorname und Adresse. Diese Gliederungselemente der Daten nennen wir Datenfelder (z.B. Personalnummer und Name) oder Datenfeldgruppen (z.B. Adresse). Datenfeldgruppen fassen zusammengehörige Datenfelder wie

Straße, Postleitzahl und Ort zusammen. Des Weiteren wird in der Datenfelddefinition für jedes Datenfeld seine Länge festgelegt (in Bytes) und bei Datenfeldgruppen die Reihenfolge der Datenfelder. In der sog. Satz- oder Tabellendefinition wird dann noch die Reihenfolge der Datenfelder und Datenfeldgruppen im Satzaufbau bestimmt.

Formatierte Daten

Satzdefinition „Personalstammdaten“

1	11	...		75	80
Personal-Nr	Name	Vorname	Straße/Hausnr.	PLZ	Ort

Personalstammsatz zur Personalnummer 4712471300

1	11	...		75	80
4712471300	Künstler	Gernot	Bahnhofstraße 18	65178	Wiesbaden

Abb. 1-10: Formatierte Daten

Im Satz- bzw. Tabellenaufbau wird somit ganz genau geregelt, wo sich welche Informationen befinden: in unserem Beispiel die Personalnummer ganz am Anfang und sie ist genau 10 Stellen lang, dann folgen Name und Vorname usw.

Die Daten für einen konkreten Mitarbeiter, z.B. denjenigen mit der Personalnummer „47124713“, dem Namen „Künstler“, dem Vornamen „Gernot“ und einer bestimmten Adresse in Wiesbaden nennen wir dagegen einen Datensatz. Sein Aufbau entspricht der Satzdefinition und seine logische Länge ebenfalls, auch dann, wenn einzelne Datenfelder nicht gefüllt sein sollten, z.B. weil die Postleitzahl nicht bekannt ist.

Ein Datenfeld (oder mehrere gemeinsam zusammen) hat in jeder Datensatzdefinition eine herausragende Rolle, denn es muss identifizierend, d.h. für jeden einzelnen Satz verschieden sein. In unserem Beispiel kann die Personalnummer diese Rolle übernehmen, denn sie ist per Definition für jeden Mitarbeiter verschieden, nicht jedoch sein Name oder die Adresse, denn es könnte zwei Mitarbeiter geben, die „Gernot Künstler" heißen und im selben Haus wohnen.

1.4.2 Datenbank

In der Praxis stehen Dateien oder Tabellen selten für sich allein, vielmehr müssen sie i.d.R. mit anderen Daten verknüpft werden, z.B. mit denjenigen zur Abteilung, der ein Mitarbeiter angehört. Dafür bedarf es dann aber einer weiteren Satzdefinition für die Abteilungsdaten, z.B. mit den Datenfeldern Abteilungskürzel, Abteilungsbezeichnung und Kostenstelle.

Unter einer Datenbank verstehen wir nun eine größere oder kleinere Anzahl von Dateien oder Tabellen, die in fachlich bedingten Beziehungen zu einander stehen. Ausgestaltung und fachliche Verknüpfung der Dateien und Tabellen hängt von den betrieblichen Gegebenheiten ab. So wäre bei unserm Beispiel zu entscheiden, ob der Name des Abteilungsleiters ebenfalls als Datenfeld in die Satzdefinition der Abteilungsdaten aufgenommen werden soll. Da Abteilungsleiter jedoch selbst auch Mitarbeiter sind, wäre es allerdings eleganter, eine zweite Beziehung zwischen den Mitarbeiterstammdaten und den Abteilungsdaten herzustellen, die ausdrückt, dass ein Mitarbeiter Leiter der Abteilung ist. Wir wollen diese Diskussion hier nicht weiter fortführen, aber genau diese Arbeit ist zu erledigen, wenn ein sog. semantisches Datenmodell erstellt wird (Siehe auch Kapitel „Systementwicklung" und „Anwendungssysteme"). Die Struktur dieses Modells hängt ausschließlich von den fachlichen Gegebenheiten ab und kann nur mit Hilfe sachkundiger Mitarbeiter der Fachabteilungen erstellt werden. Sache der IT-Spezialisten ist es dann, mit den Mitteln des verfügbaren Datenbankmanagementsystems (Siehe nächster Abschnitt) dieses semantische Datenmodell in ein technikorientiertes Datenbankmodell umzusetzen und zu realisieren. Wegen der technischen Begrenztheit aller Datenbankmanagementsysteme empfiehlt sich jedoch eine sehr enge Zusammenarbeit von Datenverarbeitung und Fachabteilung, denn mit abgewandelten Varianten des semantischen Modells lassen sich in der technischen Umsetzung oftmals erhebliche Verbesserungen bei den zu erwartenden Dialogantwort- oder den Programmlaufzeiten erzielen.

1.4.3 Datenbankmanagementsystem

Die praktische Realisierung des entworfenen Daten(bank)modells erfolgt mittels systemnaher Software. Das können einfache Dateisysteme sein oder leistungsfähigere Datenbankmanagementsysteme (DBMS). Wir gehen hier auf letztere ein, denn diese bieten ein weit umfangreicheres Leistungsspektrum als man auf den ersten Blick erwartet. Sie bestehen nämlich, genau besehen, aus drei verschiedenen Teilsystemen: aus Datenverwaltungssystem, Datenhaltungssystem und Datensicherungssystem.

Das Datenverwaltungssystem besorgt die Kommunikation mit der Anwendungssoftware. Es erlaubt das Ausführen von Lese- und Schreibzugriffen, von Änderungen einzelner Sätze, von Einfügungen und Löschungen. Hierfür beherrscht es die verschiedenen Speicherungs- und Zugriffsformen für den einzelnen Datensatz, von denen abhängt, wie geschickt oder ungeschickt Schreib- und Lesezugriffe auf der Datenbank realisiert werden können. Letztendlich hängt davon mit ab, wie schnell und komfortabel Anwendungsprogramme ausgeführt werden.

Das Datenhaltungssystem bedient die technische Schnittstelle zum Speichermedium. Es verwaltet den physischen Speicherplatz, so dass jederzeit feststellbar ist, ob und wo auf dem Speichermedium noch Platz für einen neuen Datensatz ist, bzw. wo sich ein bestimmter zu lesender oder zu ändernder Datensatz befindet. Auch sorgt es dafür, dass die im Datenmodell aufgeführten logischen Beziehungen zwischen den Tabellen richtig umgesetzt werden. Hierfür beherrscht es die in der Technik begründeten Adressierungsweisen und stellt darüber hinaus dem Datenverwaltungssystem mannigfaltige Dienstfunktionen zur Verfügung.

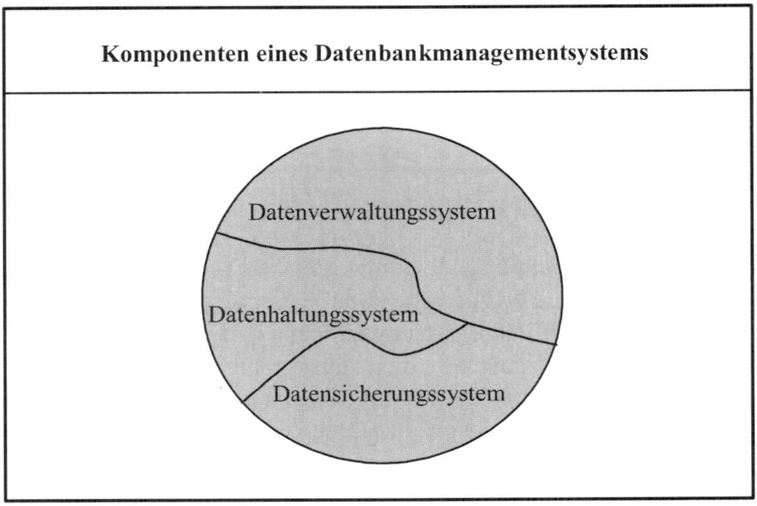

Abb. 1-11: Datenbankmanagementsysteme

Das Datensicherungssystem bietet Dienstfunktionen zur Betriebssicherheit. So wäre es sehr unschön, wenn einzelne Datensätze von verschiedenen Nutzern gleichzeitig geändert werden könnten. Denn in diesem Fall würden nur die Änderungen desjenigen Nutzers dauerhaft abgespeichert, der seine Änderungen zuletzt auf das Speichermedium zurück schreibt. Die schon gespeicherten Änderungen desjenigen Nutzers, der zuerst auf das Speichermedium zurück geschrieben hat, würden einfach überschrieben, ohne dass er hiervon Kenntnis erlangen würde. Hier helfen nur intelligente Sperrmechanismen, die bei gleichzeitiger Mehrfachnutzung ein- und desselben Datensatzes gewährleisten, dass es zu keinen Überschneidungen bei Änderungsprozessen kommt. Gute Dienste bietet das Datensicherungssystem auch dann, wenn Schreibprozesse unterbrochen werden und Ausgangszustände wiederhergestellt werden müssen oder auch wenn ganze Datenbankbereiche bzw. die ganze Datenbank auf anderen Datenträgern gesichert und im Notfall zurück gespielt werden müssen.

1.4.4 Data Dictionary

Unsere bisherige Diskussion hat gezeigt, dass bei Entwurf und Umsetzung eines semantischen Datenmodells nicht nur fachinhaltliche Informationen wie diejenigen zu den Mitarbeiterdaten selbst anfallen (in Abbildung 1-12 dargestellt auf der linken Seite) sondern auch formale wie die Länge eines Datenfeldes (in Abbildung 1-12 dargestellt auf der rechten Seite).

Datenbank <==> Data Dictionary

Personalstammsatz

Personal-Nr	Name	Vorname
4712471300	Künstler	Gernot
1111111111	Einstein	Albert
4444471300	Schiller	Friedrich

Datei

Datei-Nr	Bezeichnung	Dauer
47122	Personalstamm	10 Jahre
123435	Abteilungsdaten	3 Jahre

Abteilungsdatensatz

Kürzel	Bezeichnung	Kostenstelle
IZ2	Zentralsysteme	220220
LM3	Mathematik	300101
RP3	Personal Mainz	300001

Datenfeld

Feld-Nr	Bezeichnung	Länge
900001	Personalnummer	10 Byte
900002	Name	25 Byte
900003	Vorname	20 Byte

Abb. 1-12: Data Dictionary

Auch ist festzuhalten, was für Datenfelder zu den einzelnen Sätzen oder Tabellen gehören und wie lange die Daten aufbewahrt werden müssen. Diese Informationen über unser Datenmodell werden benötigt vom Datenbankmanagementsystem für die technische und operative Umsetzung des Modells und sie werden benötigt von den einzelnen Programmen, welche diese Daten dann benutzen. Darüber hinaus müssen spezifische Nutzersichten auf die Daten, bei denen nur diejenigen Teile der Daten zur Verfügung stehen, die für einen spezifischen Zweck benötigt werden, dokumentiert werden, genauso wie ganz allgemein Zugriffsrechte.

Da empfiehlt es sich diese Informationen ebenfalls an einer einzigen Stelle vorzuhalten und zu pflegen. Da diese Informationen auch maschinell benötigt werden, liegt die Hinterlegung in einer eigenen Datenbank nahe. Eine derartige Datenbank nennen wir ein „Data Dictionary“. Ein „Data Dictionary“ ist also eine Metadatenbank, welche Informationen über Datenbestände verwaltet und für vielfältige Nutzungszwecke vorhält.

1.5 Zusammenfassung

Datenverarbeitung ist allgegenwärtig, ohne sie wäre unser Leben nicht wie es ist. Meist nehmen wir ihre Dienste als selbstverständlich hin, doch immer wieder treten scheinbar unbegreifliche Störungen auf: die Dialogantwortzeiten sind länger als gewünscht, es ist schon wieder eine Speichererweiterung nötig, der Zugriff auf Daten wird verweigert, Daten wurden aus Versehen gelöscht, der Rechner findet den Drucker nicht mehr oder die Datenbank weist Inkonsistenzen auf.

Wir wissen, Computer sind Rechenautomaten, die aus komplizierten Hardwarekomponenten mit technisch bedingten Möglichkeiten und auch Begrenzungen bestehen. Ein aufeinander aufbauendes Konzept aus Softwaresystemen lässt die Hardwarekomponenten funktionieren und miteinander zusammen arbeiten. Basis sind intellektuelle Leistungen wie Zahlensysteme und Codes, die der Menschheit schon lange zur Verfügung stehen. Hohe Verarbeitungsgeschwindigkeiten und große Durchsatzraten bei, genau besehen, hoher Stabilität und erstaunlich niedrigen Preisen ermöglicht die Halbleitertechnologie.

Zum Zweck der Vertiefung des Themas führen wir ein paar Literaturhinweise an:

- Stahlknecht, Peter & Hasenkamp, Ulrich: Einführung in die Wirtschaftsinformatik, 10. Auflage, Springer Verlag, Berlin, 2001
- Weinhart, Karl (Hrsg.): Mikroelektronik, Deutsches Museum, München, 1991
- Weinhart, Karl (Hrsg.): Informatik, 2. Auflage, Deutsches Museum, München, 1997

2 Telekommunikation

Telekommunikation ist die zweite Säule moderner Informationstechnologie. Ohne ein paar wichtige Grundkenntnisse hierzu ist es ebenfalls schwer möglich, Chancen, Begrenzungen und Risiken der Informationstechnologie (rechtzeitig) zu erkennen. Wie sich in späteren Kapiteln, z.B. denjenigen zum e-Commerce oder zum Informationsmanagement zeigen wird, müssen auch Führungskräfte aus den Fachabteilungen und die Mitarbeiter von Stabsabteilungen dazu in der Lage sein.

Der erste Abschnitt dieses Kapitels gilt der Nachrichtentechnik. Wir beschränken uns auf Elementares wie Fragen nach Übertragungsmedien, Sende- und Empfangsgeräten. Im folgenden Abschnitt geht es um Netzwerke; wie kommen Nachrichten an unseren Arbeitsplatz und unsere Antworten zurück zum Absender? Der nächste Abschnitt weitet den Blick über die Unternehmen hinaus auf das Internet; wie funktioniert das Internet? Dann kommt noch ein Exkurs zum Thema Multimedia. Multimedia ist en vogue, doch wovon reden wir eigentlich? Den Abschluss bildet wieder eine Zusammenfassung mit Literaturhinweisen.

2.1 Nachrichtentechnik

Telekommunikation wurde lange Zeit schlicht „Nachrichtentechnik" genannt. Es ging und geht auch heute um Techniken und Verfahren, die dem Informationsaustausch über große Entfernungen dienen. Wir benutzen Nachrichtentechnik ganz selbstverständlich, z.B. beim Telefonieren oder beim Hörfunk- und Fernsehempfang. Dies sind bereits zwei sehr unterschiedliche Anwendungen, denn beim Telefonieren ist wechselseitige Kommunikation möglich, beim Hörfunk- und Fernsehempfang findet dagegen eine ausschließlich gerichtete Informationsverteilung statt. Die vielfältigen Versuche der Rundfunkanstalten über Briefpost, Telefon oder per e-mail von den Empfängern der Sendungen Rückmeldungen zu bekommen, zeigt wie gravierend dieser Mangel empfunden wird. Mit Blick auf den Zweck unseres Buches konzentrieren wir uns jedoch im Folgenden auf einige wenige Grundprinzipien des Informationsaustausches.

2.1.1 Nachrichtenübertragung

Bei der Nachrichtenübertragung wird die zu übertragende Information von einem Sendegerät zunächst in ein auf dem gewählten Übertragungsweg übermittelbares Signal überführt. Nach der Übertragung wird das Signal am Zielort von einem kompatiblen Empfangsgerät wieder in die ursprüngliche Nachricht zurückverwandelt. Dieses Grundprinzip hat praktische Auswirkungen. So hängt die Form des zu übertragenden Signals vom gewählten Übertragungsweg ab. Elektrische Signale bedürfen eines elektrischen Leiters, d.h. es ist z.B. ein geeignetes Kabel zu verlegen; wir kennen das Prinzip vom herkömmlichen Telefon. In Abhängigkeit von der gewählten Kabelart, können mehr oder weniger verschiedene Informationen gleichzeitig übertragen, bzw. Telefonate gleichzeitig geführt werden. Optische Signale können in Glasfaserkabeln übertragen werden, bedürfen aber nicht zwingend eines materiellen Übertragungsmediums. Es reicht auch eine Sichtverbindung zwischen Sende- und Empfangsgerät. Das aber hat Einfluss auf die Verfügbarkeit, so sind z.B. Übertragungen per Laser bei Nebel stark gestört. Elektromagnetische Signale bedürfen keines körperlichen Übertragungsmediums, wir kennen dies vom Mobiltelefon. Sie können sogar im Vakuum übertragen werden, was z.B. Satellitenverbindungen beweisen. In Abhängigkeit vom Frequenzbereich ist allerdings eine quasi Sichtverbindung erforderlich, z.B. im Bereich der Ultra Kurz Wellen.

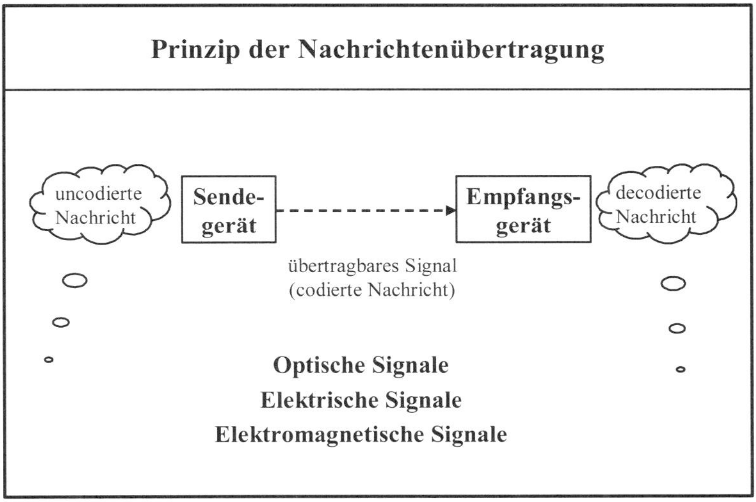

Abb. 2-1: Prinzip der Nachrichtenübertragung

Die Endgeräte, sowohl für das Senden als auch das Empfangen, richten sich nach der Art der zu übertragenden Information. So bedürfen Sprachinformationen auf der Senderseite eines Mikrophons und auf der Empfängerseite eines Lautsprechers, bei Bildinformationen sind Kameras und Bildschirme erforderlich. Oftmals sind auch Speichermedien wie Festplatten und CD-ROM zur Zwischenspeicherung nötig, sei es beim Sender oder beim Empfänger, z.B. wenn die übertragene Information zu einem späteren Zeitpunkt oder mehrmals verarbeitet werden soll.

2.1.2 Signalverarbeitung

In der Praxis sind bei der Nachrichtenübertragung oft verschiedene Übertragungswege involviert. So können schon bei einem normalen Telefongespräch auf der gesamten Wegstrecke neben Kupferkabeln im Ortsnetz im weiteren Verlauf Koaxialkabel, Glasfaserkabel, Richtfunkstrecken und ggf. Satellitenverbindungen verwendet werden. Die Übergänge zwischen verschiedenen Übertragungswegen nennen wir eine Schnittstelle. An ihnen muss das Signal umgeformt und dem neuen Übertragungsweg angepasst werden, ggf. ist auch eine Zwischenspeicherung erforderlich. Des Weiteren wird das Signal in Abhängigkeit vom Übertragungsweg mehr oder weniger abgeschwächt und auch deformiert. Bevor sich diese Veränderungen des Signals für den angestrebten Zweck der Informationsübertragung störend bemerkbar machen, muss dies ausgeglichen werden, z.B. durch Signalverstärkung. Hier ist auch die Art der Informationsübertragung von Bedeutung, denn analoge Übertragungsweisen (wie z.B. beim herkömmlichen Telefon) weisen andere Eigenschaften auf als digitale Übertragungsweisen (z.B. bei ISDN). Das beeinflusst die Übertragungskapazität eines Verbindungsweges, die Robustheit der Übertragung gegenüber Störungen und die Ausfallsicherheit der Verbindung. Auch hängen davon neue Eigenschaften der angebotenen Übertragungsleistung ab, so wenn auf Ihrem ISDN-Telefon die Rufnummer des Anrufenden angezeigt werden kann, aber nur wenn er ebenfalls ein ISDN-Telefon benützt.

Alle Übertragungsmöglichkeiten haben so ihre spezifischen, in der Technik begründeten Besonderheiten, was Übertragungskapazität, Störungsanfälligkeit, Ausfallsicherheit und Kosten angeht. Es gilt also zu entscheiden, welche Anforderungen bestehen und ob bzw. wie sie wirtschaftlich befriedigt werden können.

2.2 Netzwerke

Damit Nachrichten an unseren Arbeitsplatz kommen und unsere Antworten zurück zum Absender bedarf es einer Infrastruktur. Wir benötigen jedoch nicht nur Übertragungswege und Endgeräte sondern darüber hinaus eine Steuerung des Informationsflusses. In diesem Zusammenhang reden wir über Protokolle, betrachten danach mögliche Topologien von Unternehmensnetzwerken und richten zum Schluss den Blick auf Verteil- und Vermittlungsnetze.

2.2.1 Protokolle

Um den Übertragungsprozess zu initiieren, zu überwachen, zu steuern und abzuschließen bedarf es Software, die wir Protokolle nennen. Protokolle beinhalten Verabredungen zum Management von Übertragungsprozessen, die das Zusammenwirken verschiedener Endgeräte und Übertragungswege ermöglichen. Nur Partner, die sich an das verabredete Protokoll halten, können erfolgreich miteinander kommunizieren. Um hier Einheitlichkeit herzustellen und dadurch übergreifende Kommunikation überhaupt erst zu ermöglichen, haben internationale Normungsgremien das sog. ISO-Referenzmodell aufgestellt. In diesem Referenzmodell werden die verschiedenen Aufgaben beim Nachrichtenaustausch in Teilaspekte aufgegliedert, von der physischen Übertragung der Bitfolgen bis hin zur eigentlichen Anwendung.

Die Protokolle der beiden untersten Schichten des ISO-Referenzmodells sind ganz nah am physischen Übertragungsmedium (physikalische Schicht und Sicherungsschicht). Sie sind fokussiert auf den rein physischen Transport der Bitfolgen sowie auf Fehlererkennung und Fehlerbehebung. Die beiden nächsten Schichten (Vermittlungs- und Transportschicht) fokussieren auf den Verbindungsauf- und den Verbindungsabbau. Die über die Übertragungswege mit einander kommunizierenden Endgeräte müssen in Verbindung treten und anschließend auch wieder bereit sein für erneute Verbindungsaufnahmen. Die oberen Schichten des ISO-Referenzmodells (Kommunikationssteuerungs- Darstellungs- und Anwendungsschicht) sind nahe am eigentlichen Zweck der Verbindungsaufnahme, z.B. der Darstellung der übertragenen Information und ihrer Verarbeitung in einem Anwendungsprogramm.

ISO-Protokoll-Schichten

ISO/OSI-Schicht	Beispiel/Schlagwort/Erläuterung
Anwendungsschicht	Auslösen einer Zahlung bei einer Web-Anwendung
Darstellungsschicht	Darstellung der Zahlungsinformation mit HTML (Hyper Text Markup Language)
Kommunikations-steuerungsschicht	Steuerung des Dialogs mit HTTP (Hyper Text Transfer Protocol)
Transportschicht	Auf- und Abbau der logischen Verbindung mittels TCP (Transmission Control Protocol)
Vermittlungsschicht	Auf- und Abbau der physischer Verbindung mittels IP (Internet Protocol)
Sicherungsschicht	Aufdeckung und Behebung von Übertragungsfehlern mittels zusätzlicher Kontrollinformationen
Physikalische Schicht	Übertragung von Bits auf dem Übertragungsmedium, z.B. einem Kupferkabel

Abb. 2-2: ISO-Protokollschichten

Als Beispiele für Protokolle werden wir anschließend solche aus der Welt des Internet näher besprechen. Auch der normale Anwender bekommt sie, zumindest in Teilen, beim Surfen im World-Wide-Web angezeigt.

2.2.2 Netzwerktopologien

Endgeräte in einem Netzwerk können auch Rechner, Drucker, Scanner und andere Hardwarekomponenten der Datenverarbeitung sein; wir sprechen oft von einem Rechnernetzwerk. Lokal nennen wir es, wenn keine Bestandteile öffentlicher Netze einbezogen sind. Dies ist z.B. der Fall bei Netzen auf Firmengeländen, die PCs, Server und Großrechner miteinander verbinden. Werden dagegen verschiedene Standorte eines Unternehmens unter Einbeziehung öffentlicher Netze verbunden, sprechen wir von einem Weitverkehrsnetz, in das an den einzelnen Standorten lokale Netzwerke integriert sind.

Für die Anordnung von Endgeräten in einem lokalen Netz bestehen verschiedene Möglichkeiten. Ihre Eignung hängt ab von den Anforderungen bezüglich Durchsatzraten, Antwortzeiten und Ausfallsicherheit sowie den verfügbaren finanziellen Mitteln.

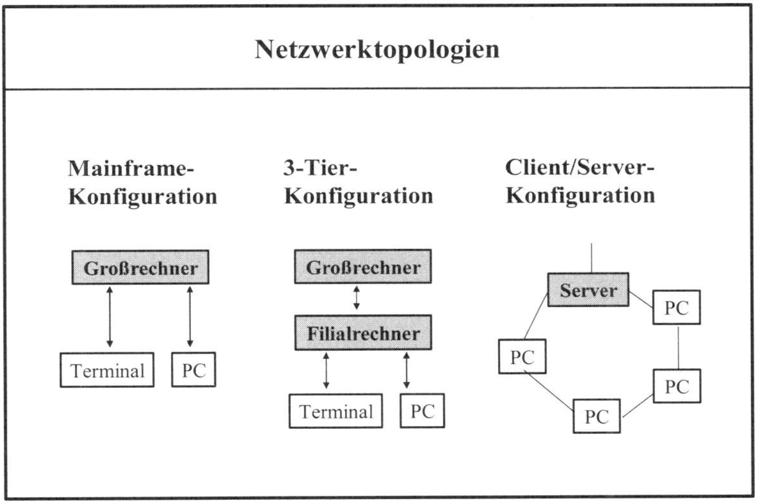

Abb. 2-3: Netzwerktopologien

Abbildung 2-3 zeigt verschiedene Grundtopologien für Netzwerke, die auch miteinander kombiniert werden können. In gewisser Weise spiegelt sie jedoch auch die technologische Entwicklung vom Großrechner zur Client-Server-Welt wider.

Bei der sog. Mainframe-Konfiguration gibt es einen zentralen Großrechner, der mit seinen Peripheriegeräten sowohl für die Verarbeitungsprozesse als auch für die Datenspeicherung (weitgehend) allein verantwortlich ist. An den Arbeitsplätzen der Nutzer sind Arbeitsplatzrechner oder auch lediglich Bildschirmterminals aufgestellt, die über das Netzwerk mit ihm verbunden sind. Der Großrechner kann gut geschützt in geeigneten Räumen untergebracht werden, z.B. klimatisiert und durch ein Zugangskontrollsystem abgeschirmt. Sein Ausfall jedoch legt das gesamte Netzwerk lahm. An den Arbeitsplatzrechnern kann zwar mit den dort ablauffähigen Anwendungssystemen und den dort vorgehaltenen Daten weitergearbeitet werden (z.B. zum Zweck der Textverarbeitung), alle anderen Anwendungen und Daten jedoch sind nicht mehr verfügbar.

Bei der sog. Drei-Tier-Konfiguration ist eine dreistufige Rechnerhierarchie ausgeprägt. Zwischen die Endgeräte an den Arbeitsplätzen und den Großrechner sind Filialrechner dazwischen geschaltet. Diese können ausgewählte Verarbeitungsprozesse übernehmen, z.B. das Drucken von Dokumenten und so Ausfälle des zentralen Rechners abmildern. Auch ist es möglich, bestimmte Datenbestände auf Datenspeichern bei diesen Filialrechnern vorzuhalten, und sei es nur als Kopie der beim Großrechner verwalteten Originaldaten. Betreuung und Unterbringung dieser zusätzlichen Rechner bedingen erhöhte Anforderungen an den Rechenzentrumsbetrieb. Der Ausfall eines dieser Filialrechner schränkt jedoch lediglich die über ihn angebundenen Arbeitsplatzrechner ein bzw. behindert lediglich diejenigen Dienstleistungen, die von ihm im Rechnerverbund auch für andere Netzwerksbereiche erbracht werden.

Noch mehr Ausfallsicherheit bietet die sog. Client-Server-Konfiguration. Statt eines zentralen Großrechners hat man mehrere Server, die über die volle Funktionalität eines Großrechners verfügen können. Auf ihnen installierte Anwendungssysteme können uneingeschränkt ablaufen, die erforderlichen Datenbestände werden auf der beigefügten Peripherie vorgehalten. Der Ausfall eines Servers wirkt sich lediglich auf die von ihm unterstützten Prozesse und die bei ihm vorgehaltenen Datenbestände aus. In der Praxis werden die Server darüber hinaus jedoch so ausgelegt, dass ihre Aufgaben im Notfall von anderen Servern übernommen werden können. Von lokalen Ausfällen merkt der Anwender dann i.d.R. wenig oder gar nichts. Die Betreuung dieser Netzwerkstruktur jedoch kann mehr Aufwand erfordern als zentralisierte Netzkonfigurationen.

2.2.3 Verteil- und Vermittlungsnetze

Bei Netzwerken zur Übertragung von Information muss noch unterschieden werden zwischen Verteilnetzen und Vermittlungsnetzen. Bei Verteilnetzen ist die Kommunikation gerichtet, d.h. die Rolle des Senders ist bestimmt und die anderen Endgeräte sind lediglich Empfänger.

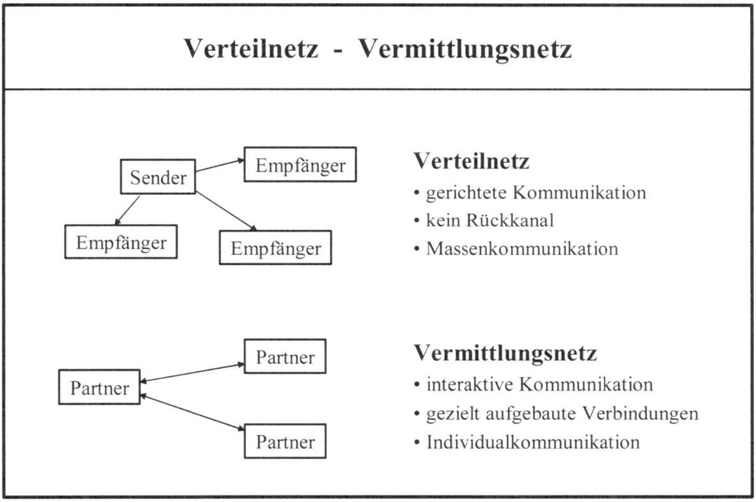

Abb. 2-4: Verteilnetz - Vermittlungsnetz

Ein bekanntes Beispiel im öffentlichen Bereich ist das sog. Kabelnetz, über das Radio- und Fernsehprogramme an die privaten Haushalte abgegeben werden. Eine Rückmeldung an den Sender ist dabei nicht vorgesehen, d.h. man benötigt keinen Rückkanal. Dies ist bei Vermittlungsnetzen anders, denn hier ist eine Kommunikation in beide Richtungen von vornherein gewollt. Verbindungen können gezielt auf- und abgebaut werden oder bei Bedarf und sofern wirtschaftlich auch dauerhaft genutzt werden. Beispiel aus dem öffentlichen Bereich ist das gemeine Telefonnetz.

In der Unternehmenskommunikation ist das Prinzip der Verteilnetze für Sonderanwendungen wie die Übertragung aktueller Börsenkurse an

Bankfilialen oder die Anzeige von aktuellen Fahrplanauszügen bei Verkehrsbetrieben von Interesse. Für alle anderen Arten der Unternehmenskommunikation kann auf einen Rückkanal nicht verzichtet werden, d.h. man benötigt ein Vermittlungsnetz.

2.3 Internet

Bei den Netzwerken, über die wir bisher gesprochen haben, ist der Nutzerkreis beschränkt. Sind ausschließlich Angehörige der eigenen Organisation, sei es ein Unternehmen oder eine öffentliche Stelle, zur Nutzung berechtigt, so spricht man von einem „Intranet“. Sind auch genau festgelegte Außenstehende, z.B. Vertriebspartner oder ausgewählte Lieferanten zur Nutzung zugelassen, so wird das ein „Extranet“ genannt. Kann jedermann das Netzwerk oder Teile davon nutzen, dann sind wir beim „Internet“. Ziel dieses Abschnitts ist es nun, das Internet begreifbarer zu machen und zu verstehen, warum wir z.B. beim Surfen im World Wide Web ominöse Buchstabenfolgen wie „http://www.Meine-Versicherung.de/deutsch/index.html“ eingeben und was wir damit bewirken.

2.3.1 Physische Struktur

Das Internet ist von seiner Struktur her eine Anordnung von Übertragungswegen, Endgeräten und für den Betrieb notwendigen Zusatzeinrichtungen, zu dessen Aufbau sich viele Betreiber zusammengeschlossen haben. Jeder Betreiber betreibt und finanziert einen Teil des Netzes, z.B. die Übertragungsstrecke zwischen zwei Netzknoten. Genutzt werden kann diese Übertragungsstrecke jedoch im Prinzip von jedermann, der Zugang zum Internet hat, auch wenn er dies i.d.R. nicht einmal weiß. Privatpersonen und kleineren Unternehmen verschafft ein sog. Internet-Provider, der einen Netzknoten betreibt, den Zugang zum Internet. Große Unternehmen können selbst einen Netzknoten betreiben.

Von Interesse dabei ist, dass die physische Struktur des Internet ohne einen zentralen Plan entstanden ist und sich auch ständig verändert, z.B. wenn Übertragungswege oder Netzknoten abgeschaltet oder andere neu in Betrieb genommen werden. Beides ist jeweils Folge der wirtschaftlichen Entscheidungen einzelner Betreiber. Auch ist das Internet tatsächlich ein Netz, denn es gibt eine Vielzahl von Wegen, die von einem Knoten zum anderen führen. Der Ausfall einzelner Übertragungsstrecken hat auf die Funktionsfähigkeit des gesamten Netzwerkes keine

Auswirkung. Diese Robustheit gegenüber lokalen Störungen begründet die hohe Ausfallsicherheit und ist eine der Stärken des Internet.

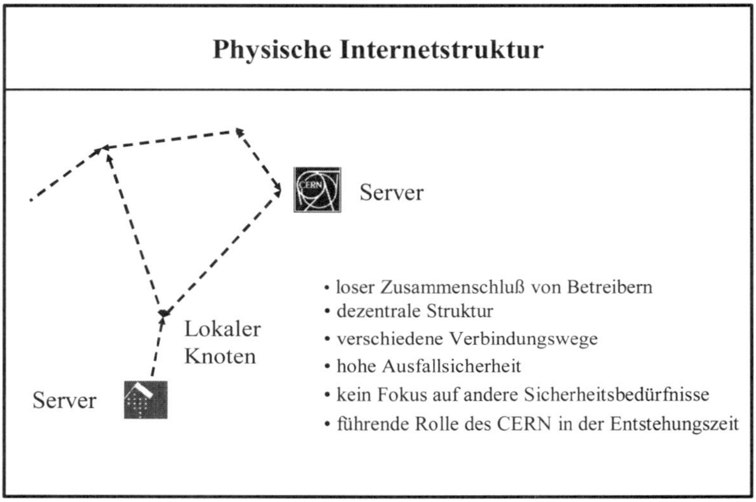

Abb. 2-5: Physische Internetstruktur

Die Anbindung des Endkunden an einen Internet-Provider erfolgt i.d.R. durch eine Wählleitung, die bei Bedarf geschaltet wird, z.B. indem man sich mit seinem Rechner per Modem oder ISDN-Karte über den Telefonanschluß beim Internet-Provider einwählt. Der Internet-Provider selbst muss seinen Kunden den Zugang zum weltweiten Internet natürlich jederzeit ermöglichen, d.h. er benötigt eine ständig verfügbare Standleitung, die ihn an einen (weiteren) Netzknoten anbindet. Da Internet-Provider auch Dienstleistungen wie die Bereitstellung von Speicherplatz auf ihren Servern für eingehende e-mails anbieten, muss er selbst auch jederzeit aus dem Internet erreichbar sein, was wiederum die Standleitung ermöglicht. Sein Endkunde wählt sich dann wieder nur gelegentlich beim Provider ein und lädt eingegangene e-mails auf seinen Rechner herunter.

2.3.2 Identifizierung eines Rechners

Da über das Internet viele Rechner erreichbar sind und für die Übermittlung von Nachrichten viele Wege zur Verfügung stehen, muss sowohl der sendende als auch der empfangende Rechner eindeutig identifiziert werden und aus den möglichen Wegen einer für die Übermittlung der konkreten Nachricht ausgewählt werden.

Die Identifizierung von Sender- und Empfänger erfolgt durch die sog. IP-Adresse. IP steht hier für „Internet-Protokoll" und im Rahmen des oben erwähnten ISO-Referenzmodells befinden wir uns auf der Vermittlungsebene. Die IP-Adresse selbst ist eine Ziffernfolge, die der technischen Struktur des Internet Rechnung trägt, wir befassen uns hier jedoch lediglich mit ihrer Übersetzung in eine sprechende Domain-Adresse, die wir z.B. beim Surfen im World Wide Web angeben müssen. Die in der Abbildung 2-6 aufgeführte Domain-Adresse besteht im Kern aus dem Domainnamen („MeineVersicherung") und der Topleveldomain („de"). Die Topleveldomain ist hier das Länderkennzeichen für Deutschland. Obwohl das Internet ein sich ungeregelt entwickelndes Netz ist, muss die Adressierung der eingebundenen Rechner eindeutig sein. Bei der Vergabe von Domain-Adressen muss also ein Reglement eingehalten werden. Auf der obersten Ebene werden Topleveldomains vergeben, z.B. die Länderkennzeichen „de" oder „at" für Deutschland und Österreich, aber auch länderunabhängige wie „com" für Wirtschaftsunternehmen und „gov" für Regierungsbehörden. Unterhalb der Topleveldomain können dann Domainnamen vergeben werden, wobei der Eindeutigkeit wegen ein Domainnamen, z.B. „MeineVersicherung" nur einmal vergeben werden kann. Unter der Topleveldomain „at" allerdings könnte er ein weiteres Mal vergeben werden, denn die Identifizierung erfolgt über Topleveldomain und Domainnamen zusammen.

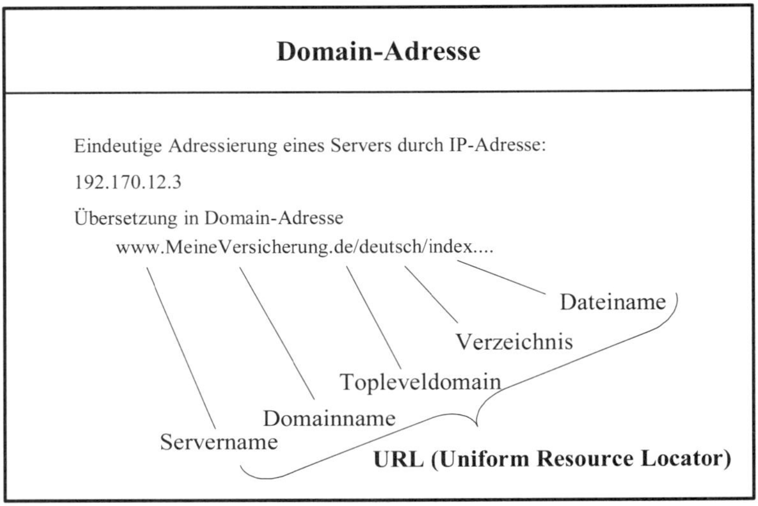

Abb. 2-6: Domainadresse

Ergänzt werden diese identifizierenden Namen durch den Namen des anzusprechenden Servers (meist „www" genannt) und ggf. die Namen von Dateiverzeichnissen und Dateien. Diese können jedoch vom Betreiber des Servers in eigener Verantwortung gewählt werden. Die Gesamtheit dieser Adressdaten wird auch der Uniform Resource Locator (URL) genannt.

2.3.3 Basisdienste des Internet

Wenn wir vom Internet reden, dann denken wir oft intuitiv an das Surfen im World Wide Web (WWW). Das WWW ist aber nur ein Dienst im Internet, wenn auch ein häufig genutzter. Es gibt aber auch andere Dienste, z.B. e-mail-Dienste, Dateitransferdienste (FTP) und weitere.

Alle diese Dienste benötigen zu ihrer Steuerung ein Protokoll. Beim WWW ist es das Hypertext Transfer Protokoll, abgekürzt „http". Wir geben es beim Surfen im WWW zusammen mit der Domain-Adresse an. e-mail-Dienste benötigen zwei Protokolle „SMTP“ und „POP3“, eines für die Übertragung zwischen den Servern der Netzknoten und das andere für die Übertragung der e-mails an den Arbeitsplatzrechner. Dateitransferdienste richten sich nach dem File Transfer Protokoll, abgekürzt „FTP“.

World Wide Web

- Multimediadienst des Internet (Texte, Stand- und Bewegtbilder, Tonsequenzen, ...)
- HTML-Format (Hyper Text Markup Language)
- Verzweigung zu anderen Webauftritten (Hyperlink)
- jeder Informationsanbieter arbeitet in eigener Verantwortung

Abb. 2-7: World Wide Web

Einen dieser Internetdienste betrachten wir jetzt noch etwas näher, das World Wide Web. Das WWW ist ein Multimediadienst, der Texte, Bilder, Töne und Videosequenzen verfügbar macht. Das ihn steuernde Protokoll ist, wie erwähnt, „http“. Es ist verantwortlich für die Übertragung der Informationen vom Server des Betreibers der besuchten Webseiten auf den Rechner des Nutzers. Die Aufbereitung der Webseiten auf dem Rechner des Nutzers richtet sich dagegen nach der „Hyper Text Markup Language“ (html). Diese ist sozusagen für die Benutzeroberfläche des Webauftritts zuständig, also für das Aussehen der einzelnen Webseiten, ob Videosequenzen eingebaut sind, von welcher Seite zu welchen anderen verzweigt werden kann, ob eine Nachricht an den Betreiber der Webseite gesendet werden kann, usw. Der Aufbau der Webseiten ist vom Informationsanbieter im WWW mit „html" gestaltet worden und der Besucher der Webseiten benützt „html" um die übertragene Information wieder so aufzubereiten wie es vom Anbieter vorgesehen ist. Wenn wir eine Webseite aufrufen, dann finden sich diese Protokoll- und Formatangaben zusammen mit den Domain- und Dateinamen in der URL-Angabe, z.B. http://www.MeineVersicherung.de/deutsch/index-.html.

Häufig ist es sinnvoll, verschiedene Dienste des Internet in enger zeitlicher Verbindung zu nutzen: man besucht eine Webseite, lädt eine Datei herunter auf den eigenen Rechner oder versendet eine e-mail. Meist ist uns dabei nicht bewusst, dass wir verschiedene Internetdienste nutzen. Dies liegt an den sog. „Browsern", die eine gemeinsame Bedienungsoberfläche verfügbar machen, von der aus wir verschiedene Internetdienste dann bequem ansteuern können.

2.3.4 Sicherheitsdienste

Aus unserer Diskussion über die physische Struktur des Internet wissen wir vom wenig gesteuerten Ausbau des Internets, von den Leistungsbeiträgen verschiedenster Anbieter und seiner hohen Ausfallsicherheit. Bedürfnisse zu Vertraulichkeit oder Unverfälschtheit übertragener Informationen oder zum Schutz der Rechner vor dem Eindringen von Unbefugten blieben dabei jedoch unberücksichtigt. Die oben erwähnten Internetdienste heben darauf nicht ab. Dies hat zum Aufkommen zusätzlicher Sicherheitsdienste geführt, zur Zugriffskontrolle mittels Nutzerkennungen und Passwörtern, zu Virenschutzdiensten, zu Verschlüsselungstechniken oder Firewallsystemen. Auf die meisten dieser Sicherheitsdienste gehen wir im Kapitel „e-Commerce" ein, Firewallsysteme jedoch möchten wir schon jetzt etwas näher betrachten.

Wie der Name bereits andeutet übernehmen Firewallsysteme eine Funktion vergleichbar mit derjenigen von Brandmauern in Gebäudekomplexen: sie sollen das Übergreifen von Gefahren und Schadensereignissen auf andere Bereiche verhindern. Denn nicht jeder, der sich im Internet tummelt, hat freundliche Absichten. Da sollen vertrauliche Informationen ausgespäht, unbefugt genutzt, evtl. manipuliert oder gar zerstört werden. Die zahlreichen Berichte über Hackerangriffe sprechen eine beredte Sprache. Eine Firewall ist nun eine technische Vorrichtung aus Software- und ggf. auch Hardwarekomponenten, welche das, nur ausgewählten Nutzern zugängliche, Unternehmensnetz vom allgemein verfügbaren Internet abschirmt.

Firewallsysteme

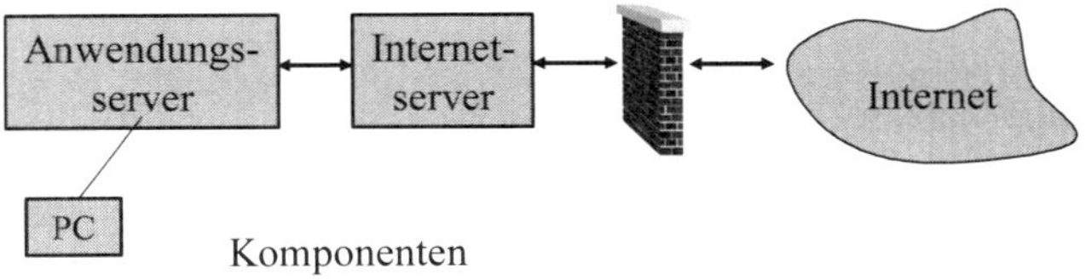

Komponenten
- Software
- Hardware wie eigenständiger Rechner (optional)

Funktion
- Ein- und ausgehender Datenstrom wird übergeleitet
- Prüfung und Protokollierung aller Zugriffe
- Abschottung des Unternehmensnetzes (Intranet) vom Internet
- keine Sicherungsfunktion im Unternehmensnetzwerk selbst

Abb. 2-8: Firewallsysteme

Der gesamte Datenstrom aus dem zu schützenden Netzwerk hinaus und auch derjenige in es hinein wird über das Firewallsystem geleitet. Nach innen hat es lediglich eine Protokollfunktion, die es erlaubt ausgehende Datenströme bei Verdachtsfällen zu untersuchen. Nach außen kommt zur Protokollfunktion eine Prüffunktion hinzu, die z.B. das Eindringen Unbefugter in das Unternehmensnetz von vornherein verhindern soll. Innerhalb des Unternehmensnetzwerks selbst entfaltet das Firewallsystem somit keine besondere Schutzwirkung, d.h. es verhindert nicht unerwünschte Handlungen von Personen, die sich berechtigt im Unternehmensnetzwerk bewegen dürfen.

2.4 Multimedia

Mit dem Begriff „Multimedia“ verbinden wir ein Gefühl von Fortschritt und Modernität, ohne dass wir i.d.R. konkret sagen könnten, was “Multimedia” den nun wirklich wäre. Deshalb fassen wir hier den Begriff in der Weise konkreter, als wir uns am Beispiel einer Publikation auf charakteristische Eigenschaften konzentrieren und dann auf einige repräsentative Multimediaanwendungen eingehen.

2.4.1 Multimediaeigenschaften

Wir gehen systematisch vor und schreiben plakativ wesentliche Eigenschaften von Multimediaanwendungen auf:

- die Integration unterschiedlicher Medientypen
- die Überbrückung zeitlicher bzw. örtlicher Distanzen
- die Digitalisierung
- die Interaktion mit computerbasierten Anwendungen

Informationen können von den Adressaten auf verschiedene Weise aufgenommen werden, z.B. als zu lesender Text. Diesen kann man zusätzlich mit Bildern illustrieren, wie in diesem Buch geschehen. Würden wir eine CD-ROM herstellen, dann könnte man an einzelnen Stellen auch Videosequenzen einfügen und über eine Soundkarte animierende Musik ertönen lassen. Noch schöner wäre es, wenn wir den Leser über ein Duftausgabegerät mit wohlriechenden Düften verwöhnen könnten usw. Die Wahrscheinlichkeit, dass eine Information nicht nur ankommt sondern auch wirklich aufgenommen und verstanden wird, steigt nämlich, wenn sie gleichzeitig über verschiedene Kanäle transportiert wird. Und dem trägt Multimedia Rechnung.

Hinzu kommt die Überwindung von Raum und Zeit. Multimediaanwendungen können an anderen Orten und zu beliebiger Zeit eingesetzt werden, wie z.B. dieses Buch, das Sie mit in ihr Zimmer nehmen und nachts lesen können, während der Autor zu Hause schläft. Viel perfekter wäre dies natürlich, wenn wir die Information in diesem Buch in einer Form verfügbar halten könnten, dass Sie jederzeit an jeden Ort über Netzwerke transportiert werden könnte.

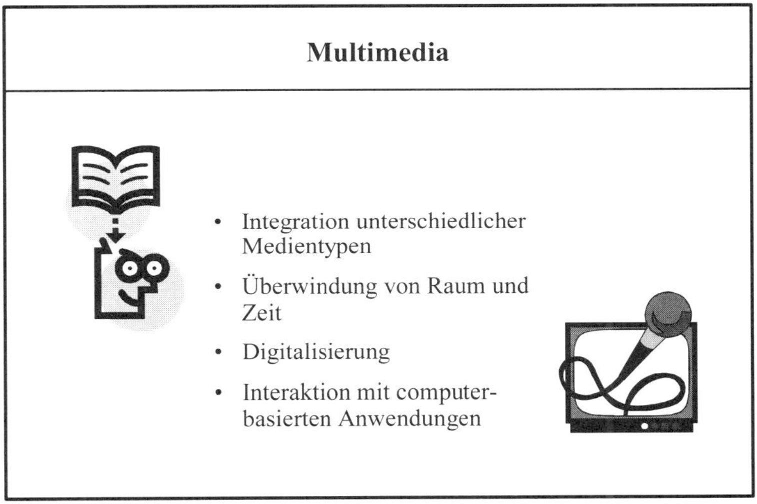

Abb. 2-9: Multimedia

Dann haben wir die Information in diesem Buch auch schon weitgehend digitalisiert und in einem Code dargestellt, nämlich dem Alphabet. Wenn wir das auch noch für die Bilder machen und das gesamte Buch in einer Datei ablegen würden, dann könnten wir noch mehr von den Vorteilen der Digitalisierung profitieren. Zum einen könnte die Information noch dichter gepackt werden, z.B. auf einer CD-ROM und zum anderen könnten Raum und Zeit (wie bereits angedeutet) bei einem evtl. möglichen Online-Zugriff noch viel schneller und leichter überwunden werden.

Nur die Kommunikation mit einer computerbasierten Anwendung ist mit unserem Buch schlecht möglich. Aber auch dafür wäre die von uns angebotene Information nicht ungeeignet, z.B. wenn wir sie in einem Lernprogramm verarbeiten würden, das den Leser abhängig von seinem Lernfortschritt über kleine Tests durch den Inhalt führt.

Unser Buch ist also bereits eine rudimentäre Multimediaanwendung. Perfekt wäre sie, wenn alle erwähnten vier Eigenschaften voll ausgeprägt wären.

2.4.2 Multimediadatenbanken

Anwendung findet Multimedia auf verschiedene Weise, wir betrachten hier zunächst Multimediadatenbanken. Diese vereinen die Vorteile moderner Datenbankmanagementsysteme mit denjenigen von Multimediatechniken. Die Datenbanktechnik (Siehe Kapitel „Datenverarbeitung") erlaubt die gezielte und schnelle Suche nach der gewünschten Information, Multimediatechniken die anwenderfreundliche Führung des Nutzers und die verständliche Aufbereitung der Information selbst.

Abb. 2-10: Multimediadatenbanken

Meist wird der Nutzer dabei dreistufig über eine stichwortgetriebene Suchfunktion zu einer Auswahlliste geführt, von der aus er zu den einzelnen Dokumenten verzweigen kann. Soweit erforderlich kann die

Auswahlliste eingeschränkt oder die Suchabfrage in modifizierter Weise wiederholt werden. Bei der Aufbereitung der Information ist man vom Inhalt der Datenbank abhängig. Werden lediglich Texte und Standbilder angeboten, dann ist man auch in der Präsentation entsprechend eingeschränkt, z.B. auf die Anzeige am Bildschirm und das Ausdrucken. Ein geeignetes Modul könnte allerdings die Sprachausgabe ermöglichen, was z.B. für Sehbehinderte sehr nützlich wäre. Sind auch Videosequenzen und Tondokumente vorrätig, dann bieten sich noch weit vielfältigere Möglichkeiten der Aufbereitung.

2.4.3 Präsentationssysteme

Die Aufbereitung der Daten, seien es Texte oder Bilder, Videosequenzen oder Tondokumente, führt uns direkt zu den Präsentationssystemen. Diese werden nachfolgend am Beispiel der Werbe-CD für eine Automarke angesprochen.

Zunächst gibt es eine Startoberfläche, mit der der Nutzer für ihn interessante Aspekte der Information selektiert und auch die von ihm bevorzugte Darstellungsweise auswählt. Zur Wahl stehen z.B. ein Katalog mit den Ausstattungsvarianten zum Fahrzeugtyp, Videosequenzen mit dem Auto unterwegs oder ein spezielles Spiel zum Fahrzeug. Der Nutzer entscheidet selbst, ob er sich dem Thema eher nüchtern informativ oder erlebnisnah nähert, systematisch strukturiert oder spielerisch intuitiv.

Präsentationssysteme

- Integriertes Informationsangebot
- Benutzerfreundliche Aufbereitung der Information
- lokaler Zugriff auf die Inhalte in den Verkaufsräumen oder zu Hause
- Telezugriff von öffentlichen Plätzen bzw. zu Hause aus möglich

Abb. 2-11: Präsentationssysteme

Multimediatechniken eröffnen hier, wie man sich jetzt leicht vorstellen kann, vielfältige Gestaltungsmöglichkeiten. Die Nähe zu den Aufgaben bei der Gestaltung der Benutzeroberflächen von Anwendungssystemen ist deutlich erkennbar, aber darauf gehen wir erst in Kapitel „Systementwicklung“ etwas näher ein.

2.5 Zusammenfassung

Telekommunikation ist allgegenwärtig, Telekommunikation ist pure Technik und schillernde Anwendung. Wir haben versucht den ganzen Bogen zu erfassen, sind bei der Nachrichtentechnik eingestiegen, bei der Übertragung von Signalen. Unser Weg führte über lokale Netzwerke und das Internet, beides bedeutende Beispiele für die Überwindung von Raum und Zeit bei der Kommunikation. Geendet hat unser Weg bei Multimedia, denn Information muss auch aufbereitet werden. Besonders hoch sind die Anforderungen dazu, wenn die Kommunikationspartner nicht zur selben Zeit und am selben Ort zusammentreffen, eben bei der Telekommunikation.

Zum Zweck der Vertiefung des Themas führen wir ein paar Literaturhinweise an:

- Blumtritt, Oskar: Nachrichtentechnik, 2. Auflage, Deutsches Museum, München, 1997
- Hansen, Hans Robert: Wirtschaftsinformatik, 8. Auflage, Lucius & Lucius, Stuttgart, 2001
- Riehm, Ulrich & Wingert, Bernd: Multimedia, 2. Auflage, Bollmann, Mannheim, 1996
- Werner, Martin: Nachrichtentechnik, 3. Auflage, Vieweg, Braunschweig, 2002

3 Systementwicklung

Dieses Kapitel gilt dem Prozess zur Entwicklung bzw. Weiterentwicklung von Anwendungssystemen. Dazu gab es im Lauf der Zeit verschiedene Vorgehenskonzepte. Wir stellen hier eine moderne, objektorientierte Systematik vor, diejenige des „Unified Software Development Process", in der Kurzform „Unified Process" genannt.

Da wir die Sicht von Mitarbeitern aus der Fachabteilung einnehmen, legen wir das Schwergewicht unserer Betrachtungen auf Aktivitäten, bei denen Fachabteilungsmitarbeiter beteiligt sind bzw. für die sie ein grundlegendes Verständnis entwickeln müssen, z.B. wenn sie Budgetmittel freigeben sollen. Wir befassen uns also mit der Festlegung der fachlichen Anforderungen, der Abnahme ausgewählter Entwurfsdokumente, dem Test des zum Einsatz bereit gestellten Anwendungssystems und dem Projektmanagement. Aktivitäten die ausschließlich im Verantwortungsbereich der IT-Abteilung liegen, wie das Design der systemtechnischen Auslegung oder die Programmierung, betrachten wir dagegen nicht. Deshalb befasst sich der erste Abschnitt mit dem Unified Process als Ganzes und die darauf folgenden Abschnitte mit den Aktivitäten zu Anforderungsanalyse, Entwurf von Designmodellen, Test und Projektmanagement.

3.1 Unified Software Development Process

Wir nähern uns dem Unified Software Development Process, in dem wir zunächst zentrale Begriffe wie „Phase", „Iteration", „Meilenstein" und „Aktivitätenpfad" erläutern und dann ihr Unified Process -spezifisches Zusammenspiel im Entwicklungsprozess herausarbeiten.

3.1.1 Projektgliederung im Zeitablauf

Der Prozess zur Entwicklung eines Anwendungssystems ist im Unified Process in seinem zeitlichen Ablauf gegliedert in vier Projektphasen: in Konzeptionsphase, Entwurfsphase, Realisierungsphase und Einführungsphase.

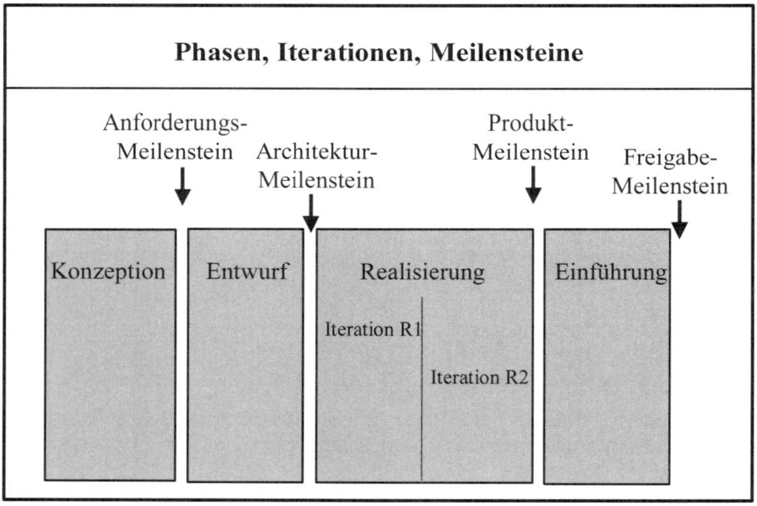

Abb. 3-1: Projektgliederung im Zeitablauf

Bei der Konzeptionsphase geht es primär um das Bereitstellen eines Konzepts, welches das IT-System und den erzielbaren Nutzen für die Anwender erkennbar macht:

- Aufnahme wesentlicher fachlicher Systemanforderungen (s. u.)
- Abriss der voraussichtlichen technischen Systemarchitektur
- Entschärfung der erfolgskritischsten Projektrisiken, z.B. in Bezug zur Kompatibilität mit der vorhandenen Systemsoftware
- Darstellung der Wirtschaftlichkeit, d.h. Abwägung der voraussichtlichen Kosten gegen den erwarteten Nutzen
- Vorstellung eines (rudimentären) Projektplanes, aus dem die voraussichtlichen Einführungstermine von Komponenten erkennbar sind

Die Entwurfsphase ist konzentriert auf die Erstellung einer Systemarchitektur, die den Weg zur technischen Umsetzung der Anforderungen vorzeichnet:

- weitgehende Aufnahme der Systemanforderungen
- Ausarbeitung der fachlichen, technischen und organisatorischen Systemsichten (s. u.) und ihre Integration zu einer Gesamtarchitektur, d.h. der Beseitigung von Widersprüchen in den Teilsichten
- weitgehende Entschärfung aller bekannten Projektrisiken, seien sie technischer, organisatorischer oder sozialer Art
- Erstellung eines detaillierten Projektplanes, der die verlässliche Steuerung des Gesamtprojekts erlaubt

Die Realisierungsphase dient vorrangig der Erstellung eines lauffähigen Produktes, das von den Nutzern abgenommen werden kann:

- Programmierung der Module
- Erstellung der Dokumentation für Anwender, Rechenzentrum sowie Systembetreuer in der Anwendungsentwicklung
- Bereitstellung einer von der Fachabteilung abzunehmenden Version des Systems, gemeinhin Beta-Release genannt
- Test, sowohl der Einzelfunktionen als auch des Zusammenspiels der einzelnen Systemkomponenten

Die Einführungsphase zielt auf die Aufnahme des Produktionsbetriebs beim Anwender:

- Auslieferung des IT-Systems an die Anwender, d.h. Installation aller Komponenten auf den Servern und den Arbeitsplatzrechnern
- abschließende systemtechnische Integration, d.h. Einbettung in die Landschaft der bereits produktiven Anwendungssysteme, zu denen Schnittstellen bestehen
- Schulung der Anwender in der praktischen Handhabung des Anwendungssystems
- Betreuung der Anwender in der Startphase, z.B. durch „Paten" mit einem Erfahrungsvorsprung

Das Ende einer jeden Projektphase ist markiert durch einen Meilenstein. Beim Erreichen des Meilensteins ist jeweils ein wesentlicher Teilabschnitt der Wegstrecke zum lauffähigen IT-System zurückgelegt. Es werden Arbeitsergebnisse im Zusammenhang auf Richtigkeit und Widerspruchsfreiheit hin geprüft und es können richtungsweisende Entscheidungen über das weitere Vorgehen im Projekt gefällt werden. Häufig müssen derartige Entscheidungen sogar zwingend herbeigeführt werden, damit die Arbeiten ohne Verzögerung und ohne unnötigen Zusatzaufwand zielgerichtet fortgeführt werden können. Schließlich soll vermieden werden, dass wegen einer sich hinziehenden Entscheidungsfindung zwischenzeitlich erarbeitete Ergebnisse ganz oder teilweise obsolet werden. Die zu den Projektphasen gehörigen Meilensteine nennen wir Anforderungs-Meilenstein, Architektur-Meilenstein, Produkt-Meilenstein und Freigabe-Meilenstein.

Jede Phase im Unified Process kann im konkreten Projekt bei Bedarf in Iterationen aufgeteilt werden. Diese Aufteilung erlaubt es in sehr mächtigen Projekten kleinere, besser handhabbare, zeitliche Abschnitte zu bilden. Sie sind gut als Miniphasen vorstellbar, die sowohl von der Zielsetzung als auch vom Fokus der Aktivitäten her ihrer Phase gleichen.

3.1.2 Projektgliederung nach Aktivitäten

Gleichartige Entwicklungsaktivitäten sind im Unified Process zusammengefasst in Aktivitätenpfaden, in Anforderungspfad, Analyse & Design-Pfad, Implementierungspfad, Verteilungspfad, Qualitätssicherungspfad und Projektmanagementpfad.

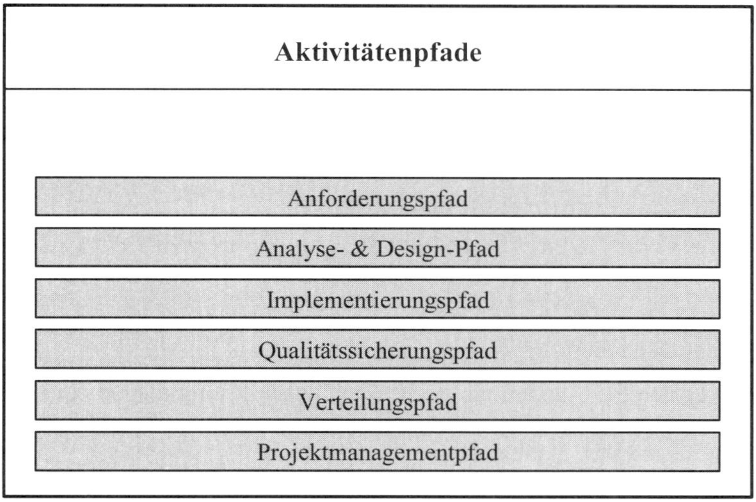

Abb. 3-2: Projektgliederung nach Aktivitäten

Bei den Aktivitäten des Anforderungspfads geht es darum

- funktionale und nicht funktionale Anforderungen an das IT-System aufzunehmen, z.B. die Systemfunktionen, die zu verwaltenden Datenmengen oder die gewünschten Antwortzeiten
- die Benutzerschnittstelle zu entwerfen, über welche die Nutzer mit dem System kommunizieren, z.B. den gleichartigen Aufbau aller Bildschirmmasken und ihrer Vernetzung

Der Analyse & Design-Pfad konzentriert sich auf

- das Überführen der Nutzeranforderungen in ein techniknahes Design, z.B. für die Auslegung der Datenbank
- die Berücksichtigung der Eigenheiten der gewählten Systemplattform, z.B. bezüglich der erreichbaren Antwortzeiten

- ggf. das Modifizieren der Nutzeranforderungen wegen der technischen Restriktionen, z.B. dem Aufgliedern funktionaler Anforderungen in besser handhabbare Teilfunktionen

Der Implementierungspfad ist geprägt vom

- Programmieren, d.h. dem Erstellen des Quellcodes
- Testen der einzelnen Komponenten, wobei die Betonung auf der Komponente an sich und weniger auf dem Zusammenwirken mit anderen Komponenten liegt (Funktionstest)
- Montieren der einzelnen Komponenten, d.h. dem Integrieren der Ergebnisse einzelner Entwickler in ein ausführbares System

Der Qualitätssicherungspfad ist charakterisiert durch

- das Testen des Zusammenspiels aller Systemkomponenten (Integrationstest)
- dem Abnehmen des Systems durch die Fachabteilung, wobei geprüft wird, ob die ursprünglich gestellten Systemanforderungen erfüllt sind
- dem Beheben der beim Testen entdeckten Fehler und Mängel

Beim Verteilungspfad geht es um

- das Installieren der Hard- und Softwarekomponenten, d.h. von Rechnern, Kommunikationseinrichtungen und Software
- das Aufnehmen des Produktionsbetriebes mit Echtdaten
- das Schulen und um die Betreuung der Anwender

Der Projektmanagementpfad wiederum zeichnet sich aus durch

- das Organisieren des Projektteams, z.B. dem Verteilen der Arbeitsschwerpunkte auf Teilteams und das Sichern des Informationsflusses zwischen diesen
- die Arbeiten des Planungs- und Steuerungszyklus, d.h. dem Planen, Überwachen und dem korrigierenden Nachsteuern
- dem Leiten des Projektteams sowie dem Pflegen der Beziehungen zu Auftraggeber und Anwender

- dem Einplanen von Änderungen bei den Systemanforderungen, die sich während des Entwicklungsprozesses ergeben
- dem Bewerten konkurrierender Anforderungen und dem Planen von Versionen, wenn nicht alle Anforderungen auf einen Schlag befriedigt werden können

3.1.3 Zielorientierte Systematik

Die Projektphasen dienen im Unified Process allein der zeitlichen Gliederung des Projekts. Im Gegensatz zu althergebrachten Systementwicklungskonzepten sind sie nicht gekennzeichnet durch die ausschließliche Durchführung bestimmter Entwicklungsaktivitäten. Dies liegt daran, dass sich viele Projektaktivitäten über mehrere Phasen hinziehen. Gelegentlich, wenn auch mit unterschiedlicher Intensität, werden sie sogar in allen Projektphasen ausgeführt. So erfolgt z.B. die Aufnahme der Nutzeranforderungen nicht ausschließlich in der ersten oder evtl. zweiten Phase des Entwicklungsprozesses, sondern auch noch später. Am Ende der zweiten Projektphase sind allein die auftragskritischen Anforderungen fachlich vollständig beschrieben. Die entsprechenden Arbeiten zu weniger erfolgskritisch eingestuften Anforderungen können auch erst in den Folgephasen zu Ende geführt werden.

Hier zeigt sich ein wesentliches Charakteristikum des Unified Process, nämlich die Konzentration auf die jeweils erfolgskritischsten Aspekte der Aufgabenstellung. Dieses Prinzip ist auch wirksam beim mehrfachen Durchlaufen einer Projektphase in aufeinander folgenden Iterationen. Das bedeutet z.B., dass von den auftragskritischen Anforderungen wiederum die für das Projekt als besonders risikoreich eingestuften in der ersten Iteration bearbeitet werden.

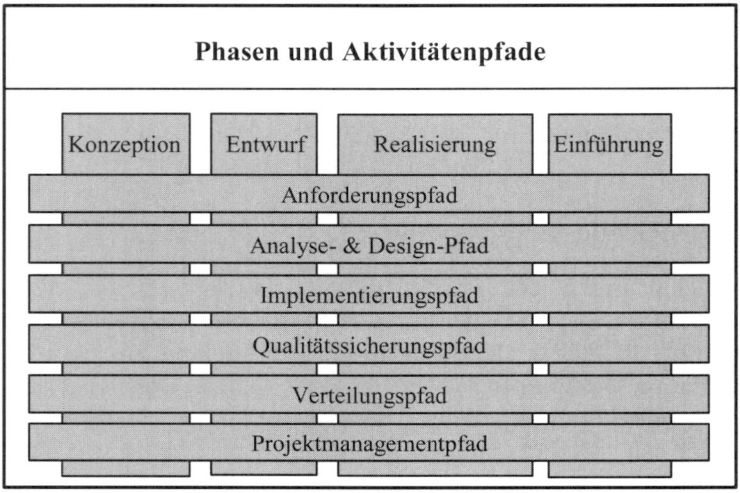

Abb. 3-3: Projektphasen und Aktivitätenpfade

Die verbleibenden unter den "kritischen" Nutzeranforderungen folgen dann in den weiteren Iterationen. Durch diese Konzentration auf das aktuell jeweils größte Projektrisiko erhalten die Projektphasen eine deutlich andere Wertigkeit als in klassischen Vorgehensmodellen.

3.2 Anforderungspfad

Die fachlichen Anforderungen an ein Anwendungssystem werden im Unified Process im Rahmen der Aktivitäten des Anforderungspfads erhoben und in Anwendungsfalldiagrammen dokumentiert. Die Diagramme bestehen aus Aktoren und den Anwendungsfällen selbst. Wir betrachten diese anschließend unter Benennung von Beispielen näher.

3.2.1 Aktoren

Unter fachlichen Anforderungen an ein Anwendungssystem verstehen wir sowohl Bereitstellungserwartungen (wenn unser Anwendungssystem bestimmte Informationen zur Abgabe bereitstellen soll) als auch Verarbeitungserwartungen (wenn unser System ihm übergebene Daten verarbeiten soll). Sie können von menschlichen Nutzern stammen, z.B. dem Sachbearbeiter einer Bank, der zu einem Konto ein Kreditlimit einrichten will. Anforderungen können aber auch Organisationseinheiten stellen, die beispielsweise eine bestimmte Auswertung erwarten. Sie können aber auch von einem anderen IT-System stammen, z.B. wenn ein Multicashsystem Daten zu Überweisungen übergibt, die von anderen Banken kommen. Unabhängig von ihrem Typ nennen wir alle Anforderer „Aktor".

3.2.2 Anwendungsfälle

Unter einem Anwendungsfall selbst verstehen wir nun eine Abfolge von Schritten, die eine Interaktion zwischen unserem IT-System und einem Aktor beschreibt, z.B. wenn der Banksachbearbeiter zu einem Konto ein Kreditlimit einrichten will. Alle Anwendungsfälle zusammen bilden das Anwendungsfallmodell. Es repräsentiert die Gesamtfunktionalität des Systems, die ganz nutzerbezogen dargestellt wird. Im Endeffekt führt diese Entwicklung zu einer zielgruppenorientierten Systemsicht, die sich (wie wir sehen werden) auch im Systemdesign und den Systemtests widerspiegelt.

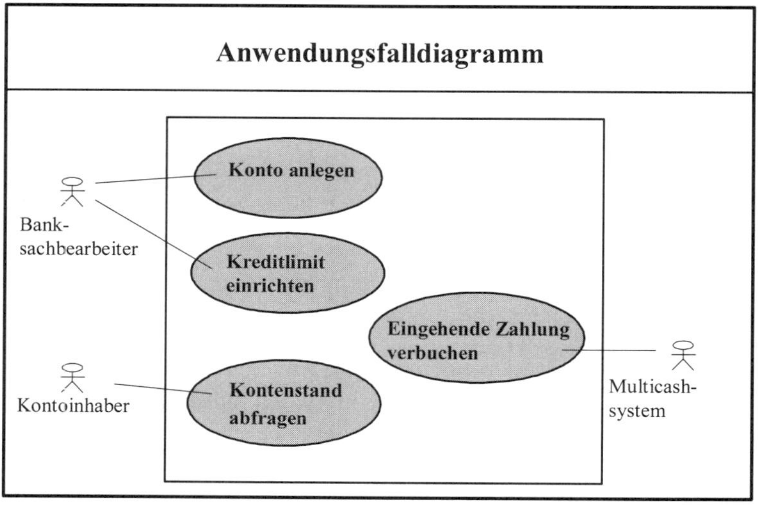

Abb. 3-4: Anwendungsfalldiagramm

Die von uns hier verwendete Notation zur Beschreibung von Anwendungsfalldiagrammen entstammt der „Unified Modelling Language" (UML). Gestaltungsmittel bei der graphischen Darstellung sind dabei die Aktoren, die Anwendungsfälle und die Interaktionen zwischen beiden. Aktoren werden als Strichmännchen dargestellt, Anwendungsfälle als Ellipsen und Interaktionen durch Linien ausgedrückt.

3.2.3 Szenarien und Interaktionsschritte

Das Einrichten eines Kreditlimits zu einem Konto geht i.d.R. so von statten, dass der Banksachbearbeiter zunächst die Konto-Nummer eingibt und die Kontodaten von der Kontenwährung bis zum Eröffnungsdatum angezeigt bekommt. Dann wird er die Höhe des Kreditlimits eingeben und das IT-System zur Kontenführung wird dieses, wenn es nicht zu hoch angesetzt ist, akzeptieren. Das wäre ein Erfolgsszenario, wobei die Bedingungen, z.B. was als akzeptable Limithöhe gilt, noch näher zu beschreiben wären. Das Szenario besteht, wie wir gesehen haben, aus zwei Interaktionsschritten, wobei jeder dieser Interaktionsschritte seinerseits aus einer Teilanforderung an das System und der zugehörigen Systemreaktion besteht.

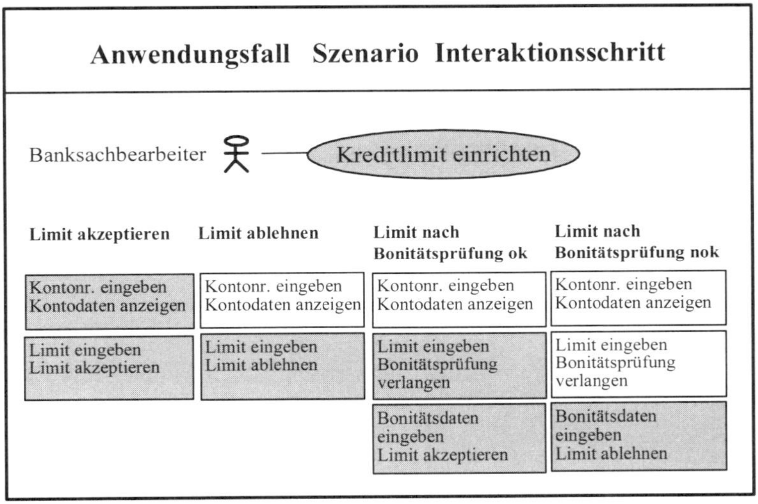

Abb. 3-5: Anwendungsfall mit Szenarien

Das Einrichten eines Kreditlimits muss aber nicht immer gelingen. So ist es möglich, dass entsprechend den Regeln des Hauses ein Kreditlimit über einer bestimmten Höhe, z.B. dem 12-fachen Monatseinkommen, unter keinen Umständen akzeptiert wird. Das wäre ein sog. Misserfolgsszenario. Es könnte aber auch sein, dass etwas niedrigere Kreditlimits akzeptiert werden, wenn die Bonität des Kunden entsprechend positiv beurteilt wird, z.B. für A-Kunden. Das wäre dann ein weiteres Erfolgsszenario. Aber auch weitere Misserfolgsszenarien sind möglich, z.B. wenn die Bonität des Kunden als nicht ausreichend gilt. Darüber hinaus sind noch weitere Szenarien denkbar, z.B. wenn die Einrichtung des Limits gelingt, sofern der Abteilungsleiter dies extra genehmigt.

Unter einem Anwendungsfall verstehen wir also eine Menge von Szenarien, die (trotz unterschiedlicher Systemreaktion, Erfolg oder Misserfolg) durch ihre gemeinsame Zielsetzung miteinander verbunden sind, in unserem Beispiel der Absicht ein Kreditlimit zu einem Konto einzurichten. Unter einem Szenario verstehen wir sodann eine Folge von Interaktionsschritten, die die Interaktion zwischen unserem geplanten IT-System und einem Aktor beschreibt. Jeder Interaktionsschritt stellt dabei eine Teilanforderung an das System und seine Reaktion dar; er wird vollständig ausgeführt oder überhaupt nicht. Zum Teil wiederholen sich dieselben Interaktionsschritte in den verschiedenen Szenarien eines Anwendungsfalls. Immer wenn dies der Fall ist, haben wir in Abbildung 3-5 den Interaktionsschritt hell gezeichnet. Im Gegenzug sind alle Interaktionsschritte, die in einem Anwendungsfall zum ersten Mal auftreten, dunkel eingefärbt.

3.3 Analyse & Design-Pfad

Die in den Anwendungsfällen dokumentierten fachlichen Anforderungen an ein Anwendungssystem müssen in ein IT-technisches Konzept umgesetzt werden, das sich aus verschiedenen Architekturmodellen zusammensetzt. Die einzelnen Modelle sind ausgerichtet auf weitere Aktivitätenpfade, den Analyse & Design-Pfad, den Implementierungspfad und den Verteilungspfad. Dementsprechend heißen sie auch Design-Implementierungs- und Verteilungsmodell.

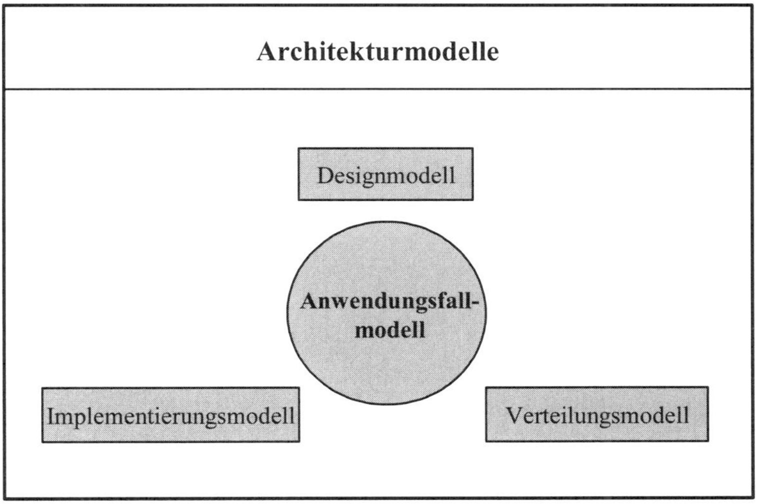

Abb. 3-6: Architekturmodelle

Jedes dieser Modelle ist bei der Systementwicklung zu erstellen. Mitarbeiter aus der Fachabteilung werden aber i.d.R. lediglich beim Designmodell mitarbeiten, denn in diesem werden die im Anwendungsfallmodell benannten fachlichen Anforderungen konkretisiert. Deshalb befassen wir uns hier auch nur mit dem Designmodell. In diesem wird zudem der objektorientierte Charakter des Unified Process in besonderer Weise sichtbar. Wir beginnen deshalb mit der Definition von Objekt und Klasse und stellen dann exemplarisch einen Ausschnitt aus einem Designmodell zusammen.

3.3.1 Objekt

Bei dem IT-System aus unserem Beispiel werden Konten betreut. Jedes von ihnen stellt ein Objekt dar. Es hat eine Kontonummer, mit der es identifiziert werden kann (z.B. 5555), es wird in einer bestimmten Währung geführt (z.B. Euro) und es gibt einen aktuellen Kontenstand (z.B. 3000). Alle diese Werte sind Eigenschaften des Kontos „5555“, wir nennen sie „Attributwerte“.

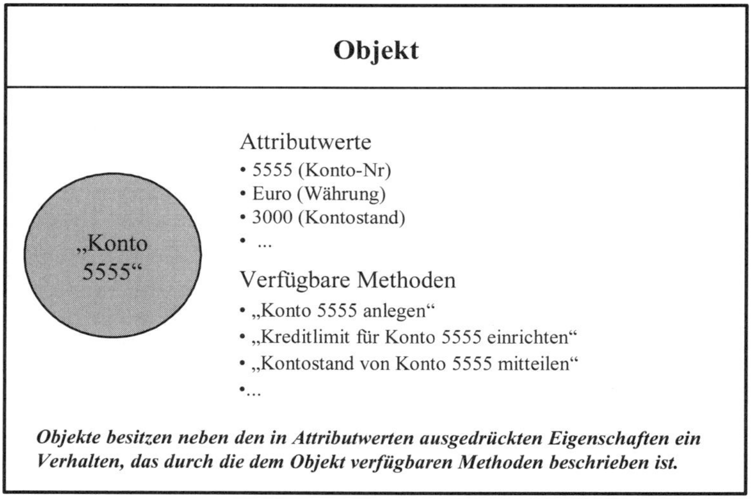

Abb. 3-7: Objekt

Darüber hinaus erwarten wir von unserm IT-System bestimmte Funktionalitäten zum Konto „5555“. So muss man das Konto anlegen, ein Kreditlimit dazu einrichten und den Kontostand mitteilen können. Vielleicht muss das Konto „5555“ auch mal gesperrt werden. Diese Funktionalitäten zum Konto „5555“ beschreiben sein Verhalten und wir nennen sie seine „verfügbare Methoden.“

3.3.2 Klasse

Neben dem Konto “5555“ gibt es weitere von unserm IT-System zu verwaltende Konten, z.B. dasjenige mit der Nummer „1111“. Auch es wird in einer Währung geführt und hat einen aktuellen Kontostand. Es muss vom IT-System ebenfalls angelegt werden, ggf. ist ein Kreditlimit einzurichten und es ist jederzeit der Kontostand mitzuteilen. Und bei Bedarf muss das Konto „1111“ auch gesperrt werden können.

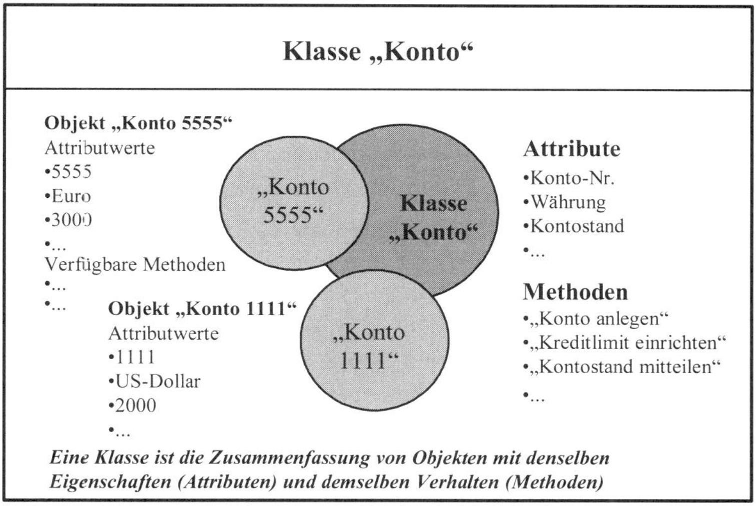

Abb. 3-8: Klasse

Deswegen fassen wir alle einzelnen Konten zusammen zu einer Klasse namens „Konto“. Diese hat bestimmte Attribute, z.B. Kontonummer, Währung und Kontenstand. Jedes unserer Konten (Objekte) hat zu jedem dieser Attribute seinen individuellen Attributwert, wie oben dargestellt. Darüber hinaus kennt die Klasse sog. „Methoden“, die jedem Objekt der Klasse zur Verfügung stehen, eben „Konto anlegen", „Kreditlimit einrichten" usw. Die Klasse repräsentiert somit für alle zugehörigen Objekte die möglichen Eigenschaften (Attribute) und die möglichen funktionalen Verhaltensweisen (Methoden).

3.3.3 Designklassenmodell

Neben der Klasse „Konto gibt es noch andere für unser IT-System wichtige Klassen. So wissen wir aus unserm Anwendungsfall „Kreditlimit einrichten", dass ein Kreditlimit nicht nur seiner Höhe nach benannt werden muss, sondern auch ab wann es gelten soll und vielleicht müssen wir registrieren, wer es eingerichtet hat, das wären dann Attribute der Klasse „Limit". Für jedes Limit erwarten wir sodann dieselben funktionalen Möglichkeiten der Verwaltung, eben es einzurichten, usw.; das sind dann die Methoden der Klasse Limit. Dasselbe gilt dann auch für jeden Inhaber eines Kontos, zu dem bestimmte Daten wie Name und Geburtsdatum verwaltet und für das konkrete Funktionen zur Verfügung stehen sollen, z.B. soll man den Inhabern ein Konto zuordnen können.

Hier klingt auch schon an, dass die einzelnen Klassen nicht isoliert zu sehen sind. Wenn wir Konten und ihre Inhaber zusammenbringen wollen, dann müssen wir uns auch Gedanken über das Verhältnis der beiden Klassen zueinander machen. Sicher muss unser IT-System abbilden können, dass ein Kontoinhaber mehrere Konten bei uns hat, während andererseits ein Konto zu genau einem Inhaber gehört.

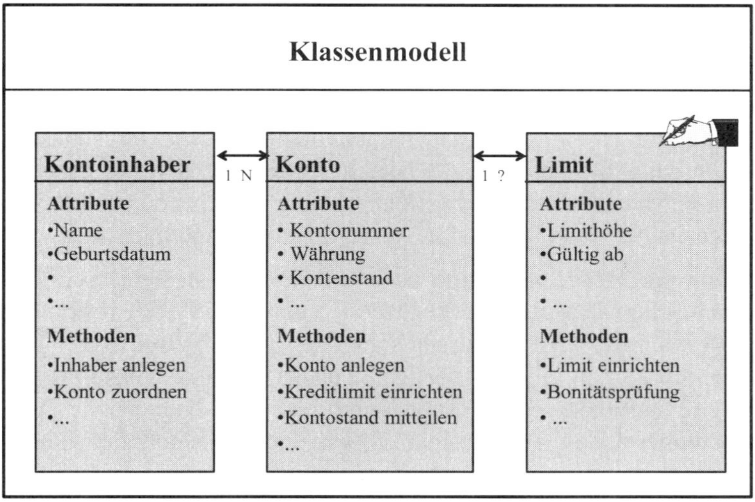

Abb. 3-9: Designklassenmodell

Ein Limit muss genau einem Konto zuordenbar sein, aber gibt es pro Konto nur ein Limit oder vielleicht gar verschiedene, z.B. wenn die Kreditkonditionen in der Abhängigkeit von der Höhe gestaffelt werden sollen? Dies wäre eine fachliche Frage, deren Antwort aber Einfluss auf unser Designmodell hat.

3.4 Qualitätssicherungspfad

Die in den Anwendungsfalldiagrammen dokumentierten fachlichen Anforderungen an ein Anwendungssystem sind auch Grundlage für die Abnahme des zur Einführung bereitgestellten Systems. Die Abnahme ist Aufgabe des Auftraggebers, d.h. des Fachbereichs, denn er muss letztendlich entscheiden, ob das zur Auslieferung anstehende System seinen Anforderungen entspricht und eingesetzt werden kann oder nicht.

Um eine sorgfältige Abnahme zu gewährleisten ist die Durchführung systematischer Tests mit spezifischen Testdatenbeständen unabdingbar. Deren Erstellung wird häufig als schwierig und arbeitsaufwendig empfunden. Unter dem allgegenwärtigen Zeitdruck bei der Systementwicklung wird stattdessen gerne (sofern verfügbar) auf Kopien von Produktionsdatenbeständen ausgewichen. Diese haben jedoch den Nachteil, dass gängige Datenkombinationen hundertfach vorkommen, seltene Sonderfälle aber nur rein zufällig abgedeckt werden. Eine aussagekräftige Dokumentation von Testfällen und Testdaten fehlt und Systemressourcen werden übermäßig in Anspruch genommen. Zudem sind die Kopien der Produktionsdaten unter Datenschutzaspekten kritisch zu sehen und die Überprüfung der relevanten Testfälle ist in der Flut von Ergebnissen nicht einfach. Spezifische Testdatenbestände können dagegen bei hoher Funktionsabdeckung klein gehalten werden und sind im Vergleich leicht zu dokumentieren. Der Beispielcharakter der Testdaten vermeidet Datenschutzprobleme und die Testergebnisse sind ökonomisch überprüfbar, da man sich auf die wirklich wichtigen Testfälle konzentrieren kann und nicht in der Flut von Testfallwiederholungen nach den wesentlichen Ergebnissen suchen muss.

Bei der Ableitung der spezifischen Testdatenbestände aus den Anwendungsfällen wenden wir die Prinzipien der Äquivalenzklassenanalyse an. Wir stellen diese Methode zunächst kurz vor und zeigen dann, wie wir sie auf den Unified Process und seine Anwendungsfälle übertragen.

3.4.1 Äquivalenzklassenanalyse

Die Äquivalenzklassenanalyse ist eine altbewährte Methode zur Testfallgewinnung. Im klassischen Tripel von Systemeingabe (E), Verarbeitung (V) und Systemausgabe (A) liegt ihr Fokus auf Ein- und Ausgabe. Kombinationen von Eingabedaten, welche dieselbe Systemausgabe auslösen, werden als zu einer Äquivalenzklasse gehörig angesehen. Bei der Auswahl der Testfälle wird dann nur eine dieser Eingabekombinationen tatsächlich ausgeführt und in der Folge davon ausgegangen, dass das Testergebnis auf alle anderen Kombinationen an Eingabedaten, die zu derselben Äquivalenzklasse gehören, übertragbar ist.

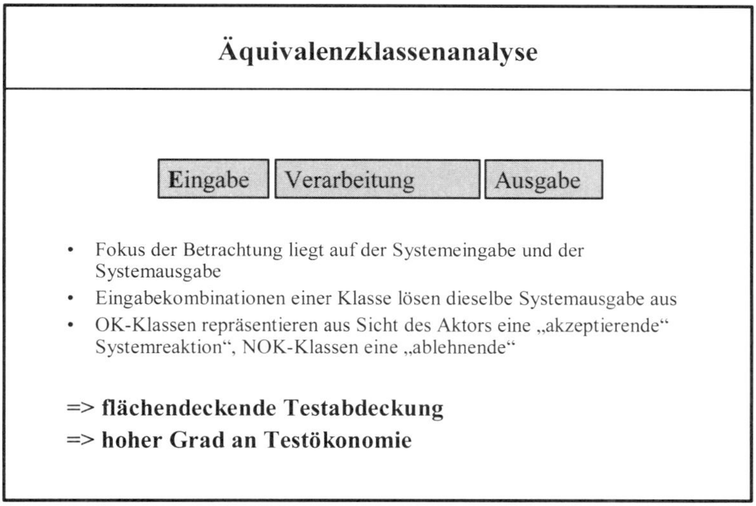

Abb. 3-10: Äquivalenzklassenanalyse

Dadurch erreicht man einerseits eine flächendeckende Testabdeckung, denn aus jeder Äquivalenzklasse wird eine repräsentative Kombination an Eingabedaten dem System zugeführt und die ausgelöste Systemausgabe geprüft. Zugleich aber erreicht man durch die Beschränkung auf nur einen Testfall pro Äquivalenzklasse eine Reduzierung der Testarbeit und somit einen hohen Grad an Testökonomie.

3.4.2 Testfälle

Wir übertragen jetzt die Prinzipien der Äquivalenzklassenanalyse auf die Anwendungsfälle des Unified Process. Als Systemausgabe sehen wir das Ergebnis der einzelnen Szenarien eines Anwendungsfalls an, z.B. wenn bei beim ersten Szenario aus Abbildung 3-5 das Kreditlimit erfolgreich eingerichtet wird. Alle Kombinationen von Eingabedaten, die zu diesem Ergebnis führen, bilden zusammen die Äquivalenzklasse. Für den sie repräsentierenden Testfall wählen wir nach den Regeln der Äquivalenzklassenanalyse eine Kombination aus. Wir bestimmen so pro Szenario genau einen Testfall und erhalten auf diese Weise einen kleinen aber repräsentativen Testfallbestand, zu dem dann die konkreten Testdaten erzeugt werden können.

Spezifischer Testdatenbestand

Pro Szenario eines Anwendungsfalls ein Testfall

Szenario	Testfall
Limit akzeptieren	Limithöhe 2000, Monatseinkommen 3000, ab 1.1.2005, ...
Limit ablehnen	Limithöhe 40000, Monatseinkommen 3000, ab 1.1.2005, ...
Limit nach Bonitätsprüfung akzeptieren	Limithöhe 15000, Monatseinkommen 3000, ab 1.1.2005, Bonität AAA, ...
Limit nach Bonitätsprüfung ablehnen	Limithöhe 15000, Monatseinkommen 3000, ab 1.1.2005, Bonität CCC, ...

=> gut handhabbarer Testdatenbestand

Abb. 3-11: Testfälle

Abbildung 3-11 zeigt die Testfälle für den weiter oben dargestellten Ausschnitt zu den Szenarien des Anwendungsfalls „Kreditlimit einrichten". Der so gewonnene Testfallbestand bildet das Anwendungsfallmodell in seiner Gänze ab, hat allerdings auch alle evtl. Mängel des Modells übernommen, so wenn z.B. einzelne Szenarien oder auch ganze

Anwendungsfälle fehlerhaft oder auch gar nicht modelliert sind. Unser Testfallbestand ist also geeignet, die Erfüllung der in der Anforderungsanalyse erhoben Systemanforderungen durch das ausgelieferte IT-System zu überprüfen, jedoch nicht, evtl. Mängel im Anwendungsfallmodell selbst aufzudecken. Wir erreichen einen hohen Testabdeckungsgrad, für den das Anwendungsfallmodell verantwortlich zeichnet, bei gleichzeitiger Testökonomie, die der Äquivalenzklassenanalyse zu verdanken ist.

3.5 Projektmanagementpfad

Auch bei einem IT-Projekt stellt sich die Frage der Wirtschaftlichkeit, bei der Investitionsentscheidung in der ersten Projektphase und immer wieder während des gesamten Projektablaufs. Bei der Investitionsentscheidung ist es wichtig, den zu erwartenden Nutzen mit dem vermutlichen Projektaufwand in Beziehung zu setzen und so zu einer Entscheidung zu kommen. Unter Umständen ist es nämlich wirtschaftlich vernünftiger, das Projekt frühzeitig einzustellen. Man benötigt also ein Verfahren zur Schätzung des voraussichtlichen Gesamtaufwands. Während des weiteren Projektablaufs interessiert dann, ob sich die auflaufenden Aufwände und der Projektfortschritt im Gleichklang entwickeln. Denn immer wieder gibt es Projekte, die ihr Budget verbraucht, das IT-System aber noch lange nicht fertig gestellt haben. In diesem Fall bleibt dem Auftraggeber nur, das Budget zu erhöhen oder die bislang getätigte Investition verloren zu geben. Um diese Zwickmühle zu vermeiden, ist ein Projektcontrolling erforderlich, das frühzeitig Abweichungen vom Projektplan aufzeigt und so noch Freiraum für gegensteuernde Maßnahmen lässt. Hierbei nützt eine einzige Aufwandszahl relativ wenig, vielmehr benötigt man mehrere Steuerungskennziffern, mit denen der Gesamtaufwand auf kleinere Päckchen aufgeteilt wird, und das jedes für sich auf seine Zielereichung hin überprüft werden kann. Diesen Anforderungen folgend befasst sich der Abschnitt zum Projektmanagement zuerst mit der Bestimmung des Gesamtaufwands und dann mit der Bereitstellung von Steuerungskennziffern zur detaillierten Projektplanung und Projektüberwachung.

3.5.1 Bestimmung des Gesamtaufwands

Inhaltlich setzen wir wieder auf den in den Anwendungsfällen dokumentierten fachlichen Anforderungen an ein Anwendungssystem auf und benützen sie als Grundlage für die Schätzung des Projektaufwands. Der vermutliche Aufwand wird in Personentagen geschätzt, mit einem Stundensatz in Geld umgerechnet und ist dann mit Grundlage für die Investitionsentscheidung. Methodisch bewegen wir uns in zwei Schritten voran. Zunächst bestimmen wir die Systemmächtigkeit anhand von Messgrößen für den Umfang und die Komplexität des geplanten IT-Systems. Dann berücksichtigen wir die Produktivität von Entwicklungsumgebung und Projektorganisation durch Ableitung des zu erwartenden Aufwands aus einer Erfahrungskurve, die sich aus bereits zu Ende geführten Projekten speist. Durch einen Zwischenschritt mit der Bewertung weiterer produkt- und prozessspezifischer Einflussgrößen kann man das Verfahren verfeinern und flexibler gestalten, wir verzichten hier jedoch darauf aus Gründen der Vereinfachung.

3.5.1.1 Bestimmung der Systemmächtigkeit

Grundlage für die Erfassung der Systemmächtigkeit (d.h. von Systemumfang und Systemkomplexität) sind die Anwendungsfälle, wobei wir zwischen einfachen, mittleren und komplexen unterscheiden. Einfache Anwendungsfälle haben 1,2 oder 3 Interaktionsschritte, mittlere 4,5,6 oder 7 Interaktionsschritte und komplexe 8,9,10,11 oder 12 Interaktionsschritte. Anwendungsfälle mit mehr als 12 Interaktionsschritten werden rechnerisch aufgeteilt. Allerdings berücksichtigen wir hier Wiederverwendungseffekte. Wird nämlich ein Interaktionsschritt für verschiedene Szenarien ein- und desselben Anwendungsfalls benötigt, so muss er nur einmal entworfen und entwickelt werden. Für die Aufwandsschätzung ist er also nur einmal zu zählen, d.h. es zählen den Erläuterungen weiter oben folgend lediglich die in Abbildung 3-5 dunkel eingefärbten Interaktionsschritte. Für die Bestimmung der Systemmächtigkeit werden die Anwendungsfälle sodann entsprechend ihrer Komplexität gewichtet, einfache erhalten 5 Punkte, mittlere 10 und komplexe 15 Punkte. Die Systemmächtigkeit auf der Basis von Anwendungsfällen ergibt sich dann durch Aufsummieren der Punkte.

3.5.1.2 Berücksichtigung der Produktivität

Die Produktivität von Anwendungsentwicklung und Entwicklungsumgebung ist in einer Erfahrungskurve hinterlegt, mit deren Hilfe aus der Systemmächtigkeit der Aufwand bestimmt werden kann. Hierzu steigt man mit dem oben ermittelten Wert zur Systemmächtigkeit auf der x-

Achse ein und entnimmt dem Kurvenverlauf entsprechend den Aufwand auf der y-Achse in Personentagen.

Wie die Krümmung der Kurve in Abbildung 3-12 zeigt, steigt mit zunehmender Systemmächtigkeit der zur Realisierung des Systems erforderliche Aufwand stärker an, als die Systemmächtigkeit selbst. Hier drückt sich aus, dass mächtigere Projekte schwieriger zu realisieren sind als vergleichsweise kleine, oder anders herum ausgedrückt: die Produktivität einer Entwicklungsmannschaft sinkt mit zunehmender Projektgröße.

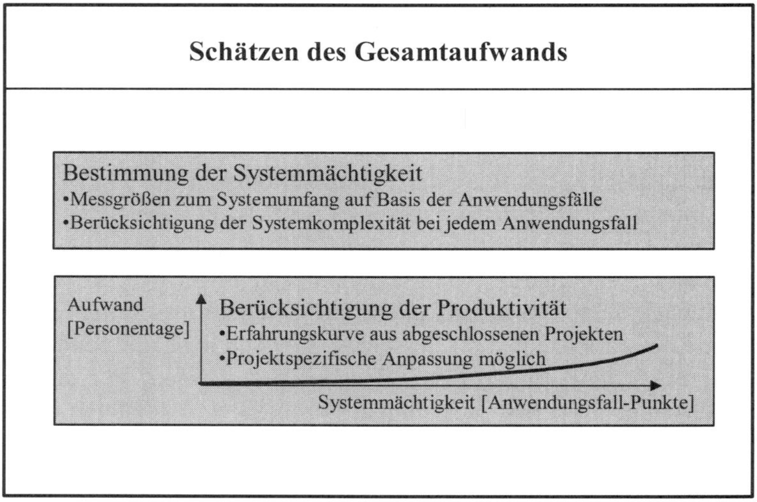

Abb. 3-12: Schätzen des Gesamtaufwands

Der so ermittelte Gesamtaufwand bezieht sich auf den Analyse & Design-Pfad, den Implementierungspfad, den Qualitätssicherungspfad, den Verteilungspfad und den Projektmanagementpfad. Die Aufwände für den Anforderungspfad sind nicht auf diese Weise geschätzt, denn Ergebnis des Anforderungspfads ist vor allem das Anforderungsfallmodell und dieses ist ja erst die Grundlage der vorgestellten Schätzmethode. Um eine Schätzung vernünftig durchführen zu können, muss eben schon vorher ein gewisser Aufwand getrieben worden sein. Um diesen nicht entgleisen zu lassen, empfiehlt sich eine schrittweise Budgetfreigabe mit enger Fortschrittskontrolle, welche die Möglichkeit eines Projektabbruchs bewusst mit einkalkuliert.

Sofern man in seiner Entwicklungsumgebung noch keine Erfahrungskurve hat und sie auch nicht aus bereits abgeschlossenen Projekten ableiten kann, kann diejenige einer anderen Entwicklungsumgebung als Ausgangskurve dienen. Sie muss aber an Hand von Projekten aus dem jeweiligen Umfeld baldmöglichst nachjustiert werden.

3.5.2 Kennziffern für Projektplanung und Projektüberwachung

Bei der Bereitstellung von Kennziffern für Projektplanung und Projektüberwachung setzen wir auf der soeben vorgestellten Vorgehensweise für die Bestimmung des Gesamtaufwands auf. Wir stellen dabei eine speziell für den Unified Process entwickelte Methode vor, bei der wir zunächst den Gesamtaufwand auf die Aktivitätenpfade aufteilen und dann den jeweiligen Anteil eines Aktivitätenpfads in Verbindung mit den Anwendungsfällen und den Designklassen weiter auf die Phasen und Iterationen verteilen.

3.5.2.1 Aufteilung des Gesamtaufwandes auf die Aktivitäten

Bei der Aufteilung des Gesamtaufwands auf den Analyse & Design-Pfad, den Implementierungspfad, den Qualitätssicherungspfad, den Verteilungspfad und den Projektmanagementpfad greifen wir wieder auf Erfahrungswerte aus bereits abgewickelten Altprojekten zurück. Bei einer uns bekannten Entwicklungsumgebung betrug z.B. das Aufteilungsverhältnis für den Gesamtaufwand 27:43:14:4:12. Auch diese Aufteilung kann in anderen Unternehmen als Ausgangsverteilung dienen, muss aber an Hand von abgeschlossenen Projekten aus dem jeweiligen Umfeld nachjustiert werden.

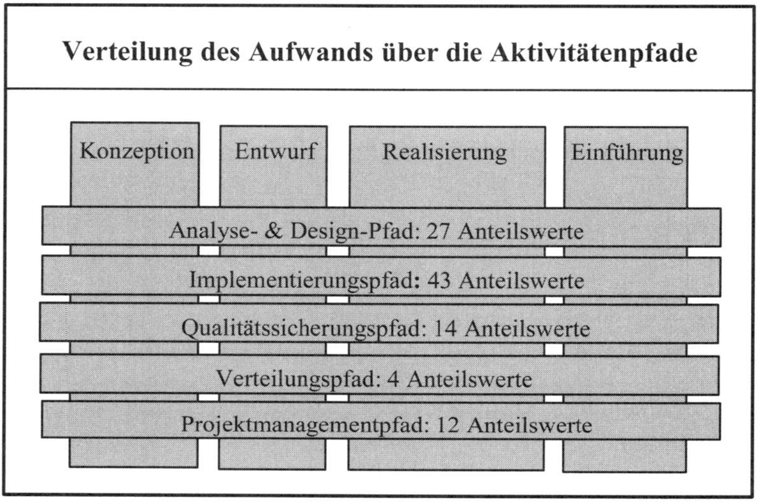

Abb. 3-13: Verteilung des Aufwands über die Aktivitätenpfade

3.5.2.2 Berücksichtigung der eingeplanten Mengengerüste

Bei der Aufteilung des für einen Aktivitätenpfad bestimmten Aufwands auf Phasen und Iterationen kommt es im Unified Process (wie erwähnt) auf die konkrete Phasen- bzw. Iterationsplanung an. Feste Prozentsätze können hierfür nicht benannt werden, wohl aber muss festgelegt werden nach welchen Unified Process -spezifischen Kriterien bei der Detailplanung im konkreten Projekt die Aufteilung erfolgen soll. Für

- den Analyse & Design-Pfad sind dies die in einer Iteration umzusetzenden Anwendungsfälle
- für den Implementierungspfad die zu implementierenden Klassen des Designmodells
- für den Qualitätssicherungspfad die zu testenden Anwendungsfälle
- für den Verteilungspfad die auszuliefernden Klassen des Designmodells

- für den Projektmanagementpfad nimmt man den anteiligen Aufwand für die anderen Aktivitätenpfade, da der Projektmanagementaufwand erfahrungsgemäß in erster Näherung davon abhängt

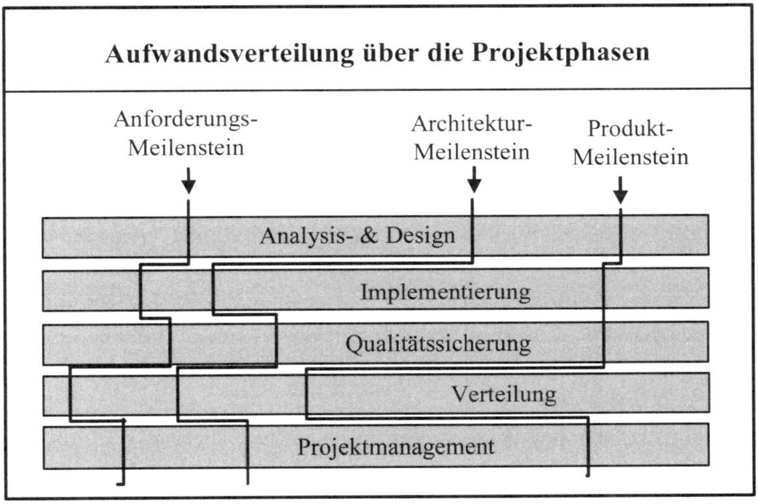

Abb. 3-14: Aufwandsverteilung über die Projektphasen

Das Bewertungsschema zu den Anwendungsfällen, das wir auch für die Aufteilung der Aufwände einzelner Aktivitätenpfade auf die Iterationen und Phasen benützen, haben wir bereits oben bei der Bestimmung der Systemmächtigkeit beschrieben. Jeden Anwendungsfall haben wir in Abhängigkeit von seiner Komplexität mit Punkten bewertet. Aufsummiert über alle Anwendungsfälle des gesamten Anwendungsfallmodells erhielten wir dann das Gesamtgewicht des IT-Systems auf der Basis Anwendungsfälle. Wenn nun in einer Iteration oder einer Phase einzelne Anwendungsfälle in einem bestimmten Aktivitätenpfad zu bearbeiten sind, dann addieren wir einfach deren Punkte auf und kennen ihr anteiliges Gewicht in Beziehung zum Gewicht aller Anwendungsfälle. Der dem entsprechende Anteil des Aufwands für den gesamten Aktivitätenpfad ist dann für diesen Aktivitätenpfad in der anstehenden Iteration oder Phase zu erwarten.

Damit wir dies auch für den Implementierungs- und den Verteilungspfad tun können, benötigen wir noch ein Regelwerk zur Gewichtung der Klassen des Designmodells. Hier greift man auf die Anzahl der Attribute, der Methoden und der Anzahl der Beziehungen zu anderen Klassen zurück. Es hat sich bewährt, die Attribute einfach, die Beziehungen doppelt und die Methoden dreifach zu gewichten. Aufsummiert über alle Klassen des Designmodells erhalten wir so das Gesamtgewicht des IT-Systems auf der Basis von Designklassen. Das anteilige Gewicht der gemäß Iterations- oder Phasenplan zu bearbeitenden Klassen lässt sich zu diesem Gesamtgewicht in Beziehung setzen und ermöglicht so auch hier den Anteil der Phase bzw. Iteration am Gesamtaufwand für den Aktivitätenpfad zu bestimmen.

So ist es also möglich, ausgehend von den anteiligen Aufwänden für alle Aktivitätenpfade, den voraussichtlichen Aufwand für eine einzelne Iteration oder Phase zu bestimmen und als Kennziffern für die Projektplanung zu verwenden.

Doch diese Kennziffern sind auch für die Projektfortschrittsmessung geeignet. Dabei wird für jede Iteration und jeden Aktivitätenpfad der vorstehend bestimmte Planaufwand in Bezug gesetzt zu den im Projektverlauf auflaufenden Ist-Aufwänden und dem sog. Fertigstellungsgrad. Die Ist-Aufwände werden aus zweckdienlichen Aufzeichnungen der Projektmitarbeiter gewonnen und der Fertigstellungsgrad muss von der Projektleitung festgestellt werden. Doch auch dabei nützen unsere Gewichtungsregeln für Anwendungsfälle und Designklassen, denn mit ihrer Hilfe kann unabhängig vom angefallenen Aufwand ausgedrückt werden, wie viel der anstehenden Arbeit denn nun tatsächlich erledigt wurde. Nur wenn die Fertigstellungsgrade mit den auflaufenden Ist-Aufwänden Schritt halten ist das Projekt auf Kurs. Bei Abweichungen dagegen lässt sich an Hand der noch offen Restarbeiten für den Aktivitätenpfad abschätzen, wie hoch die Abweichung bei Abschluss der Arbeiten im gesamten Aktivitätenpfad voraussichtlich sein wird. Da diese Information frühzeitig anfällt, kann noch rechtzeitig gegengesteuert und die sich anbahnende Abweichung ggf. aufgefangen werden.

3.6 Zusammenfassung

Wir haben uns jetzt einen Eindruck verschafft vom Unified Process und den aus Sicht einer Fachabteilung wichtigen Aktivitätenpfaden. Wir sind jetzt auch in der Lage zu verstehen, warum die Väter des Unified Process diesen als anwendungsfallgetrieben bezeichnen. Dies bedeutet nämlich, dass sich die Arbeitsergebnisse eines jeden Aktivitätenpfads direkt oder indirekt aus den Anwendungsfällen herleiten. Dann wird der Unified Process auch architekturzentriert genannt. Wenn wir die tragende Rolle des Designklassenmodells bedenken und uns an die mehr IT-spezifischen Modelle erinnern, mit denen wir uns bewusst nicht befasst haben, dann wird auch dies verständlich. Darüber hinaus wird der Unified Process iterativ und inkrementell bezeichnet. Iterativ steht hier dafür, dass in jeder Phase und Iteration dieselben Aktivitäten aus den Aktivitätenpfaden immer wieder erneut vorkommen können. Kein Aktivitätenpfad ist auf eine Phase beschränkt. Inkrementell bezieht sich auf die damit einhergehende schrittweise Entwicklung aller Arbeitsergebnisse. Jede Iteration kann neue Anwendungsfälle erbringen, nicht nur die aus der ersten Projektphase. Jede Iteration kann eine Ergänzung des Designmodells bewirken, unabhängig von der Phase, zu der sie gehört. In jeder Iteration kann bereits ein Stück ausführbarer Code entwickelt und Zwischenergebnisse an die Fachabteilung ausgeliefert werden.

Für ergänzende Studien führen wir ein paar Literaturhinweise an:

- Fowler, Martin & Scott, Kendal: UML konzentriert, 3. Auflage, Addison-Wesley, München, 2003
- Jacobson, Ivar et al.: The Unified Software Development Process, Addison-Wesley, München, 1999
- Myers, Glenford J.: Methodisches Testen von Programmen, 5. Auflage, Oldenbourg, München, 1995
- Schneider, Geri & Winters, Jason: Applying Use Cases", Addison-Wesley, München, 1998
- Versteegen, Gerhard: Projektmanagement mit dem Rational Unified Process, Springer, Heidelberg, 2000

4 Anwendungssysteme

In diesem Kapitel geht es darum, Überblick über die in den Unternehmen eingesetzten Anwendungssysteme zu gewinnen und einen authentischen Eindruck von ihrem fachlichen Leistungsumfang zu erhalten. Wir beginnen mit Anwendungslandschaften und ihren Strukturierungsmöglichkeiten und stellen danach ausgewählte Beispiele für branchenneutrale und branchenspezifische Anwendungssysteme vor.

Inhaltlich arbeiten wir diese jedoch nicht in vollem Umfang aus, denn dies hieße die fachseitig orientierten Arbeiten eines Projektteams in Gänze nachzuempfinden. Es ist uns aber ein Anliegen, Zusammenhänge erkennbar werden zu lassen und in Fortführung des vorhergehenden Kapitels beispielhaft aufzuzeigen, wie man Anforderungen an Anwendungssysteme zielgerichtet erhebt, dokumentiert und verarbeitet. Dies ist auch für die mehr fachlich orientierten Mitarbeiter der Fachabteilungen wichtig, denn die in Entwurfsdokumenten wie dem Anwendungsfall- und dem Designklassenmodell niedergelegten Sachverhalte sind die Grundlage für die Ausgestaltung der IT-Systeme. Was diese Modelle nicht abbilden, das leisten auch die später ausgelieferten IT-Systeme nicht. Zumindest müssen die Modelle von den Fachabteilungen passiv verstanden und auf ihre Plausibilität hin geprüft werden können. Denn im Konfliktfall wird die IT-Abteilung mit Recht darauf hinweisen, die Entwurfsdokumente seinen so abgenommen worden und es sei genau das verwirklicht worden, was bestellt wurde. Wenn das Ergebnis trotzdem nicht zufrieden stelle, so läge die Verantwortlichkeit für Leistungseinschränkungen und Zusatzkosten allein bei der Fachabteilung.

Die Abbildungen des Kapitels illustrieren die Ausführungen zu den Sachverhalten, der häufig dargestellte Schreibstift ist Aufforderung zu persönlichen Ergänzungen. Die Literaturhinweise am Schluss dienen der weiteren Beschäftigung mit dem Thema.

4.1 Anwendungslandschaften

Die Gesamtheit der Anwendungssysteme eines Unternehmens lässt sich als Anwendungslandschaft begreifen. Diese grenzen wir zunächst nach außen ab vom Bereich der Systemsoftware und der systemnahen Software und zeigen dann, wie man innerhalb der Anwendungslandschaften Übersicht gewinnen kann. Danach gehen wir etwas näher auf die einzelnen Anwendungslandschaften in verschiedenen Branchen und zum Schluss nochmals kurz auf die Art der Darstellung fachlicher Anforderungen an Anwendungssysteme ein.

4.1.1 Abgrenzung und Systematik

Als Anwendungssysteme bezeichnen wir IT-Systeme, die für einen konkreten fachlichen Zweck, z.B. die Finanzbuchhaltung in einem Unternehmen, erstellt worden sind. Ihr Leistungsprofil richtet sich nach den Anforderungen der Fachabteilung, z.B. der Buchhaltung. Dies sind einerseits Systemfunktionen, wie z.B. denjenigen zum Verbuchen eines Zahlungseingangs und andererseits die entsprechenden Daten, z.B. der Betrag oder das Eingangsdatum einer Zahlung. Die zum Betrieb der Anwendungssysteme erforderliche Systemsoftware, Betriebssysteme oder Datenhaltungssysteme sowie die Hardware und die erforderlichen Kommunikationseinrichtungen (Siehe Kapitel „Datenverarbeitung" und „Telekommunikation") rechnen wir dagegen nicht mit zu den Anwendungssystemen, weil sie i.d.R. von verschiedenen Anwendungssystemen gemeinsam genutzt werden.

Sinnvoll gliedern lassen sich Anwendungssysteme nach den technischen Voraussetzungen für ihren Betrieb oder nach ihrem fachlichen Verwendungszweck. Gliederungen nach technischen Voraussetzungen für den Betrieb der Systeme sind z.B. diejenigen nach

- Hardwareanforderungen wie Rechnerklasse oder Peripheriegeräte
- Systemsoftwareanforderungen wie Betriebssystem oder Datenhaltungssystem
- Kommunikationsanforderungen wie Netzwerkprotokoll oder zum Betrieb erforderliche Internetdienste

Gliederungen nach Verwendungszweck orientieren sich an den Gegebenheiten des Geschäftsbetriebs, sie differenzieren z.B. nach

- der Nähe zum Kerngeschäft wie versicherungstechnischer und nichtversicherungstechnischer Bereich bei einer Versicherung
- der Nähe zum Kunden wie kundenseitige und bankinterne Anwendungssysteme bei Banken
- Geschäftsprozessen wie z.B. absatzseitige und beschaffungsseitige Anwendungssysteme bei Industrie und Handel
- branchenneutralen und branchenspezifischen Systemen, d.h. solchen, die querbeet durch die Branchen vorkommen und solchen, die spezifisch für den Geschäftszweck einer Branche sind

4.1.2 Gliederung nach Verwendungszweck

Der auf die Fachabteilungen ausgerichteten Zielsetzung dieses Buches folgend gehen wir auf die in den verschiedenen Branchen üblichen Gliederungen nach Verwendungszweck noch etwas näher ein. Bei Versicherungen z.B. unterscheidet man zwischen dem versicherungstechnischen und dem nichtversicherungstechnischen Bereich. Versicherungstechnische Systeme sind besonders nah am Geschäftszweck einer Versicherung angesiedelt, also der finanziellen Absicherungen der Unwägbarkeiten des Lebens, seien es ein Brand, eine Haftungsfall, eine Erkrankung oder ein Todesfall. Es geht um Systeme zur Führung von Vertragsbeständen, zur Schadenregulierung oder zur Rückversicherung. Nichtversicherungstechnische Systeme sind dagegen vom Geschäftszweck einer Versicherung weiter entfernt, z.B. diejenigen für die Verwaltung des Materiallagers, die Gehaltsabrechnung oder der Finanzbuchhaltung. Bei Banken kann man zwischen kundenseitigen und bankinternen Anwendungssystemen unterschieden, oft auch front-office- und back-office- Systeme genannt. Kundenseitige Anwendungen werden vom Kunden wahrgenommen und ermöglichen z.B. die Abwicklung von Transaktionen im Zahlungsverkehr, im Anlage- und Kreditbereich aber auch die zielgruppenspezifische Beratung von Firmen- und Privatkunden. Bankinterne Anwendungen dagegen werden vom Kunden allenfalls indirekt wahrgenommen, z.B. wenn es um die Abrechnung von Darlehen oder die Unterstützung des Sparverkehrs geht. Andere Anwendungssysteme wie solche zur Bestandsführung von Sorten und Münzen, den Geschäftsverkehr unter Banken oder dem Meldewesen für die Zentralbank bleiben dem Kunden dagegen völlig verborgen. Ähnlich lässt sich die Anwendungslandschaft beim Handel strukturieren. Es gibt Systeme, die lediglich unternehmensintern sichtbar werden und Systeme mit Außenwirkung. Die Systeme mit Außenwirkung lassen sich entlang elementarer Geschäftsprozesse unterteilen in solche auf der Absatzseite, hin zum Kunden und solche auf der Beschaffungsseite, hin zu den Lieferanten. Das sind dann die Anwendungssysteme zur Vertriebsunterstützung, oft auch CAS-Systeme genannt (CAS steht für „Computer Aided Sales") und die Systeme für die Beschaffung. Auch dafür gibt es klangvolle englische Namen wie „Supply Chain Management", die aber i.d.R. keine signifikante inhaltliche Bereicherung repräsentieren.

Auch die Unterscheidung von Anwendungssystemen nach branchenneutral und branchenspezifisch hat mit ihrer Nähe zum Geschäftszweck zu tun. Branchenneutrale Systeme sind in allen Brachen zu finden, z.B. solche zur Finanzbuchhaltung oder zur Gehaltsabrechnung. Diese Systeme sind häufig durch gesetzliche Vorgaben oder Tarifverträge geprägt, durch allgemein gültige Vorschriften zu Inventur und Rechnungslegung oder zur Gehaltsabrechnung. Branchenspezifische Anwendungssysteme dagegen sind spezifisch für das Geschäft einer Branche. So werden z.B. Produktionsplanungs- und Produktionssteuerungssysteme nur in der Fertigungsindustrie gebraucht, nicht aber im Handel.

4.1.3 Darstellungsmittel für die Anforderungen an IT-Systeme

Die fachlichen Anforderungen an ein IT-System sind zunächst die inhaltliche Vorgabe für die IT-Abteilung bezüglich der Systemleistungen, später aber auch die Leitlinie bei der Abnahmetests des in Betrieb zu nehmenden Systems, sei es bei der erstmaligen Implementierung oder bei Änderungen an einem bereits produktiven System. Deshalb sind die diesbezüglichen Arbeiten, wie im vorhergehenden Kapitel erläutert, auch für die Fachabteilung wichtig. Zur Dokumentation der fachlichen Anforderungen benützen wir die ebenfalls dort näher vorgestellten Darstellungsmittel der „Unified Modelling Language (UML)". So fassen wir die funktionalen Aspekte der fachlichen Anforderungen an IT-Systeme zunächst in Anwendungsfalldiagrammen zusammen und konkretisieren diese dann in Designklassenmodellen, die funktionale und datenspezifische Anforderungen gleichermaßen abbilden.

4.2 Branchenneutrale Anwendungssysteme

Dieser Abschnitt gilt den branchenneutralen Anwendungssystemen. Diese sind in der Wirtschaft weit verbreitet, da sie praktisch jedes Unternehmen benötigt. Häufig sind sie geprägt von allgemeinen Vorschriften wie denjenigen zur Steuergesetzgebung oder von Tarifverträgen. Wegen der damit verbundenen hohen Absatzchancen sind sie auch ein bevorzugtes Feld für die Anbieter von Standardsoftware. Bei ihrer näheren Betrachtung konzentrieren wir uns beispielhaft auf diejenigen zum Personalmanagement und der Finanzbuchhaltung. Für beide entwickeln wir rudimentäre Anwendungsfalldiagramme und Designklassenmodelle, betrachten die Schnittstellen zu anderen IT-Systemen und gehen auf die Benutzeroberfläche ein. Den Abschluss bildet ein Exkurs zum Thema „Standardsoftware".

4.2.1 Personalmanagement

Damit Unternehmen die Bedürfnisse ihrer Kunden befriedigen können, benötigen sie nicht nur IT-Systeme, Maschinen und Gebäude sondern auch Mitarbeiter, die den Geschäftsbetrieb durchführen und am Leben erhalten. Doch auch Mitarbeiter haben Bedürfnisse: Verträge müssen geschlossen, Arbeitszeiten vereinbart und Gehälter gezahlt werden. Damit sind bereits drei Segmente des Personalmanagements angesprochen, nämlich die Personalverwaltung, die Zeitwirtschaft und die Gehaltsabrechnung. Wir betrachten nachfolgende lediglich einen kleinen Ausschnitt aus dem Leistungsspektrum eines Personalmanagementsystems, dennoch vermittelt dieser einen näheren Eindruck von den fachlichen Sachverhalten, um die es geht. Bei konkretem Bedarf kann auf dieser Basis weiter gearbeitet werden.

4.2.1.1 Anwendungsfalldiagramm

Im Anwendungsfalldiagramm dokumentieren wir die Anforderungen an ein Personalmanagementsystem in der Form von Anwendungsfällen und Aktoren.

Aktoren sind bei einem Personalmanagementsystem:

- Personalsachbearbeiter aus der Personalabteilung, die Mitarbeiter betreuen
- Mitarbeiter aus der Betriebsorganisation, die mit der Aufbauorganisation des Unternehmens befasst sind
- ein separates Zeiterfassungssystem mit Stechuhren, an denen Mitarbeiter ihre Anwesenheitszeiten dokumentieren
- ein Exkasso-System über das Gehaltszahlungen abgewickelt werden
- ein Drucksystem, mit dem die Gehalts- und Zeitnachweise gedruckt werden
- usw.

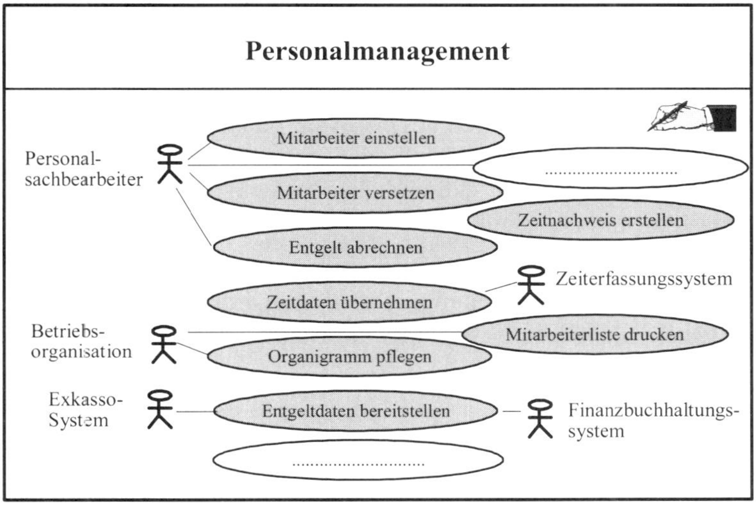

Abb. 4-1: Anwendungsfalldiagramm „Personalmanagement“

Leistungsanforderungen und Leistungsbeiträge drücken wir durch die Anwendungsfälle selber aus. So werden die Personalsachbearbeiter mit unserem Personalmanagementsystem u.a. Mitarbeiter einstellen, in andere Abteilungen versetzen, deren persönlichen Zeitnachweis erstellen und ihr Entgelt abrechnen. Die Betriebsorganisation wird das Organigramm des Unternehmens mit den Abteilungen dokumentieren und bei

Bedarf Mitarbeiterlisten drucken. Vom Zeiterfassungssystem sind die an den Stechuhren erfassten Kommen- und Gehenbuchungen sowie Zeiten für Dienstgänge und Dienstreisen zu übernehmen und zu verarbeiten. Außerdem sind die Entgeltdaten bereitzustellen, einerseits um die Gehaltszahlungen über das Exkasso-System zu veranlassen und andererseits um das Finanzbuchhaltungssystem über die Ausgaben in Kenntnis zu setzen. Weitere Anforderungen ergeben sich aus den betrieblichen Abläufen, wir verzichten jedoch aus Vereinfachungsgründen auf ihre Darstellung.

4.2.1.2 Designklassenmodell

Im Designklassen-Modell werden die funktionalen Anforderungen der Anwendungsfälle konkretisiert und um die jeweils benötigten Daten ergänzt. Dazu arbeiten wir die Anwendungsfälle des Anwendungsfallmodells einen nach dem anderen ab, ergänzen bereits vorhandene Klassen mit weiteren Attributen und Methoden bzw. definieren neue Klassen, wenn dies erforderlich ist. Wesentliche Designklassen zu einem Personalmanagementsystem sind:

- Abteilung, identifiziert durch das Abteilungskürzel
- Mitarbeiter, identifiziert durch seine Personalnummer
- Zeitdaten, identifiziert z.B. durch das Datum und weitere Attribute
- usw.

Attribute zur Klasse „Abteilung" sind z.B. das Abteilungskürzel, die Abteilungsbezeichnung und die Kostenstelle, auf der alle Abteilungsausgaben, so auch die Gehälter der Mitarbeiter ausgewiesen werden. Methoden werden benötigt zur Pflege der Abteilungsattribute, zur Pflege des Organigramms, d.h. der Zuordnung zwischen Abteilungen, Hauptabteilungen und Gruppen, also zur Pflege der sog. Aufbauorganisation des Unternehmens. Dann soll pro Abteilung eine Liste der zugehörigen Mitarbeiter gedruckt werden können, usw.

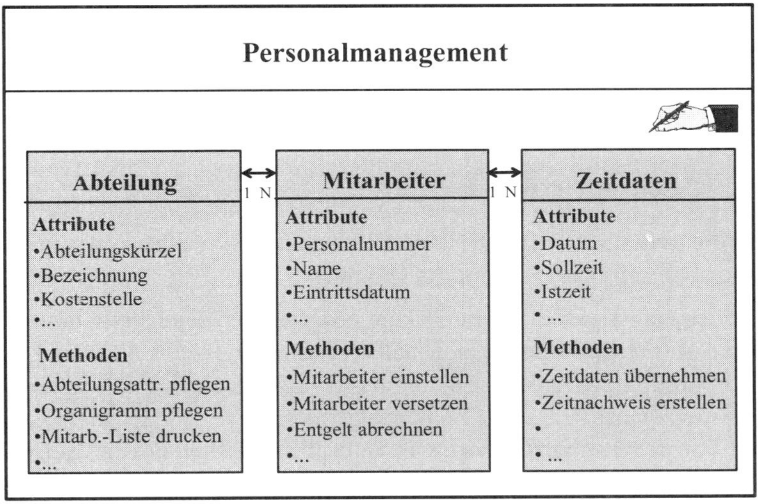

Abb. 4-2: Klassenmodell „Personalmanagement“ (Ausschnitt)

Attribute zur Klasse „Mitarbeiter“ sind die Personalnummer und je nach Bedarf der Name, das Eintrittsdatum und weitere Eigenschaften. Methoden der Klasse sind entsprechend den Anforderungen z.B. „ Mitarbeiter einstellen“, „Mitarbeiter versetzen“, „Entgelt abrechnen“ und weitere, u.a. auch diejenigen zum Eingeben, Anzeigen, Ändern, Kopieren und Löschen der Mitarbeiterdaten, häufig zusammengefasst unter dem Schlagwort „Mitarbeiterdaten pflegen“.

Attribute zur Klasse „Zeitdaten“ sind z.B. das Tagesdatum und die persönliche Sollzeit entsprechend dem Arbeitsvertrag. Dazu kommt dann noch die tatsächliche Anwesenheitszeit (Istzeit), die vom Zeiterfassungssystem aus den Kommen- und Gehenbuchungen des Mitarbeiters errechnet wurde und weitere sich aus den Anwendungsfällen ergebende Attribute. Unserem Anwendungsfallmodell folgend benötigen wir Methoden zur Übernahme der Zeitdaten aus dem Zeiterfassungssystem und zum Erstellen der Zeitnachweise.

Zwischen den bislang aufgefundenen Designklassen unseres Modells bestehen auch Beziehungen. So hat eine Abteilung selbstverständlich mehrere Mitarbeiter, aber jeder Mitarbeiter ist in genau einer Abteilung angesiedelt. Außerdem gehören die Zeitdaten jeweils zu genau einem Mitarbeiter, aber zu diesem existiert natürlich jeden Tag so einen Zeitdatensatz, insgesamt also mehrere.

4.2.1.3 Benutzeroberfläche

Über die Benutzeroberfläche eines Anwendungssystems kommuniziert der Benutzer mit dem System. Es geht um

- das Layout der Bildschirmmasken, z.B. um die Menüdarstellung oder die Anordnung interaktiver Schaltflächen (Icons)
- die Führung des Anwenders durch die Felder einer Erfassungsmaske in einer zweckdienlichen Reihenfolge
- die vorprogrammierte Folge von Bildschirmmasken bei der Befriedigung der Anforderungen eines Anforderungsfalls
- das Vorgehen bei der Prüfung von Bildschirmeingaben auf Vollständigkeit und formale Richtigkeit sowie die Behandlung von Fehleingaben
- die Ausgestaltung der Online-Hilfe, die z.B. kontextabhängig, d.h. angepasst an den aktuellen Bearbeitungsstand sein soll

Abbildung 4-3 zeigt beispielhaft eine Maske aus einem Anwendungssystem. Die Inhalte sind aufgabenabhängig und entsprechen der im Abschnitt 3.5. beschriebenen Aufgabenstellung. Für unsere aktuelle Diskussion sind die Inhalte jedoch nicht wichtig, uns interessiert hier lediglich der formale Aufbau. Im oberen Teil der Maske sieht man verschiedene Laschen (Anwendungsfälle, Designklassen, usw.), die einen umfangreichen fachlichen Sachverhalt, der auf einer einzelnen Maske nicht dargestellt werden könnte, in sinniger Weise gliedern. Jede der Laschen enthält jeweils eine zusammengehörige Gruppe von Daten, z.B. zu den Anwendungsfällen oder den Designklassen. Die interaktiven Schaltflächen am Fuß der Maske (Speichern, Zurücksetzen und Abbrechen) dagegen sind für alle Laschen gleich. So wird vermieden, die Maske mit Feldern zu überfluten, gleichwohl können aber alle erforderlichen Daten im Zusammenhang gepflegt werden.

Benutzeroberfläche

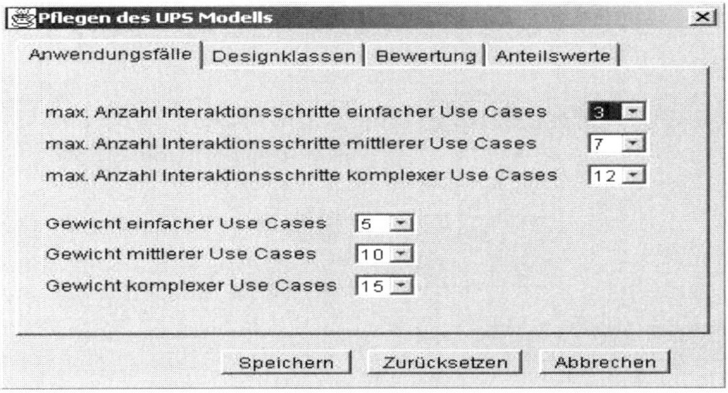

Abb. 4-3: Benutzeroberfläche

Dieser Teil der Maske erscheint dann auch in allen anderen Masken des Systems an derselben Stelle und mit derselben Struktur, d.h. der Anwender bekommt auf jeder Bildschirmmaske des Anwendungssystems dieselbe grundsätzliche Orientierungshilfe. Bei den einzelnen Feldern im mittleren Teil der Maske werden jeweils sinnvolle Auswahlwerte angeboten, die dem Benutzer bei der Erfassung der Daten ein Maximum an Bedienkomfort gewähren sollen. Auch dieses Prinzip wiederholt sich in allen anderen Masken. Natürlich kann man sich hier auch andere Lösungen vorstellen, aber genau das ist für das einzelne Anwendungssystem, unter Berücksichtigung der verfügbaren technischen Möglichkeiten, mit dem Auftraggeber festzulegen.

4.2.1.4 IT-Schnittstellen

Kein Anwendungssystem erledigt alle Aufgaben allein. Um bereits vorhandene Systemfunktionen wieder zu verwenden und um Redundanzen zu vermeiden müssen Systeme miteinander in Verbindung treten. Dies geschieht über sog. IT-Schnittstellen.

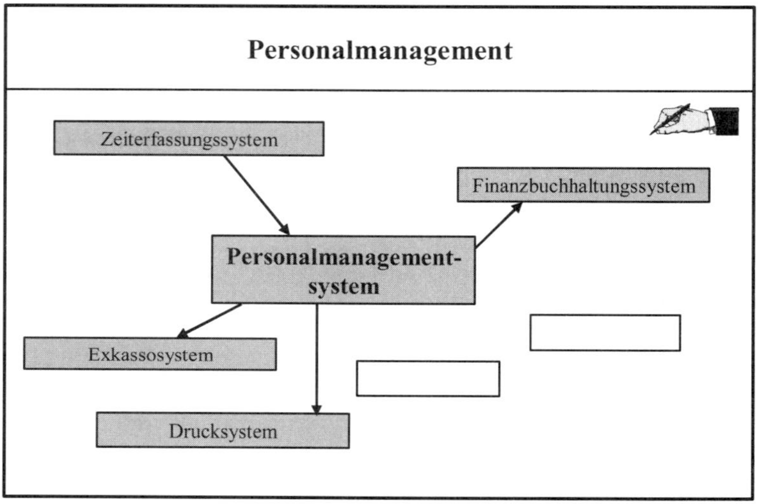

Abb. 4-4: IT-Schnittstellen „Personalmanagement"

Die Zeiterfassung wird für unser Personalmanagementsystem durch ein eigenes Zeiterfassungssystem, an das die Stechuhren angebunden sind, vorgenommen. Die Auszahlung der Gehälter erledigt das Exkasso-system und den Druck von Zeit- und Entgeltnachweisen das Drucksystem. Zudem werden die aus buchhalterischen Gründen erforderlichen Daten vom Finanzbuchhaltungssystem übernommen und weiterverarbeitet. Das Personalmanagementsystem selbst beschränkt sich auf die Bedienung der Schnittstellen und konzentriert sich ansonsten auf seine originären Aufgaben.

4.2.2 Finanzbuchhaltung

Finanzbuchhaltungssysteme decken die Anforderungen an gesetzlichen Vorgaben an die Buchführung der Unternehmen ab. Letztendlich werden alle Unternehmensvorgänge mit bilanzieller Relevanz pro Unternehmenseinheit auf Konten abgebildet und auf dieser Grundlage später Bilanz sowie Gewinn- und Verlustrechnung erstellt. Auch hier betrachten wir lediglich einen kleinen Ausschnitt aus dem Leistungsspektrum, der gleichwohl einen konkreten Eindruck von den fachlichen Sachverhalten vermittelt. Bei konkretem Bedarf kann auf dieser Basis weiter gearbeitet werden.

4.2.2.1 Anwendungsfalldiagramm

Im Anwendungsfalldiagramm dokumentieren wir wieder die Anforderungen an das Finanzbuchhaltungssystem in der Form von Anwendungsfällen und von Aktoren.

Aktoren des Finanzbuchhaltungssystems sind z.B.:

- die Buchhalter, welche Belege verbuchen und die Bilanz erstellen
- das Gehaltsabrechungssystem, das Belege aus der Personalabrechnung anliefert
- das Lagerhaltungssystem, das Belege zu Materialzugängen und Materialentnahmen im Lagerbestand übergibt
- weitere operative Anwendungssysteme mit bilanzrelevanten Transaktionen

Leistungsanforderungen und Leistungsbeiträge drücken wir wieder als Anwendungsfälle aus. So sind einerseits die Stammdaten zu (Buchungs)konten und Buchungskreis zu verwalten sowie andererseits die Bewegungsdaten, d.h. die Belege, zu verarbeiten. Die Konten sind im sog. Kontenplan zusammengefasst und drücken sinngemäß aus, für was die auf ihnen zu verbuchenden Belege stehen, so gibt es z.B. Ertrags- und Aufwandskonten. Einnahmen sind dann, abhängig von ihrer genauen Art, auf einem der Ertragskonten zu buchen, Ausgaben auf einem der Aufwandskonten.

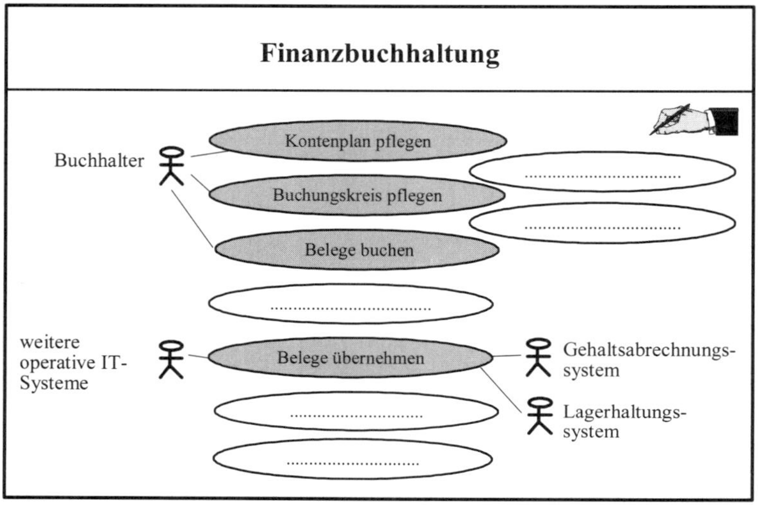

Abb. 4-5: Anwendungsfalldiagramm „Finanzbuchhaltung“

Ein Buchungskreis ist die kleinste selbständig bilanzierende Organisationseinheit, also (vereinfacht ausgedrückt) eine organisatorische Zusammenfassung von „Abteilungen“ aus Sicht der Finanzbuchhaltung, für die gemeinsam eine Bilanz erstellt wird. Was für Unternehmensteile in Buchungskreisen zusammengefasst werden, ist Sache des Rechnungswesens, es muss nicht unbedingt eine rechtlich selbständige Unternehmenseinheit, z.B. eine Tochtergesellschaft, sein. Es kann auch eine rechtlich unselbständige, aber besondere Betriebsstätte sein. Die zu buchenden Belege stammen aus diversen Anwendungssystemen, die branchenneutral wie das Personalmanagementsystem oder branchenspezifisch wie Lagerhaltungssysteme oder die Bestandsführungssysteme bei Versicherungen sein können.

4.2.2.2 Designklassenmodell

In Designklassen-Modellen werden die funktionalen Anforderungen der Anwendungsfälle konkretisiert und mit den jeweils benötigten Daten zusammengeführt. Wesentliche Designklassen zu einem „Finanzbuchhaltungssystem“ sind nach dem vorstehend gesagten selbstverständlich:

- Buchungskreis, identifiziert durch die Buchungskreisnummer
- (Buchungs)konto, identifiziert durch die Kontennummer aus dem Kontenplan
- Beleg, identifiziert durch die Belegnummer
- usw.

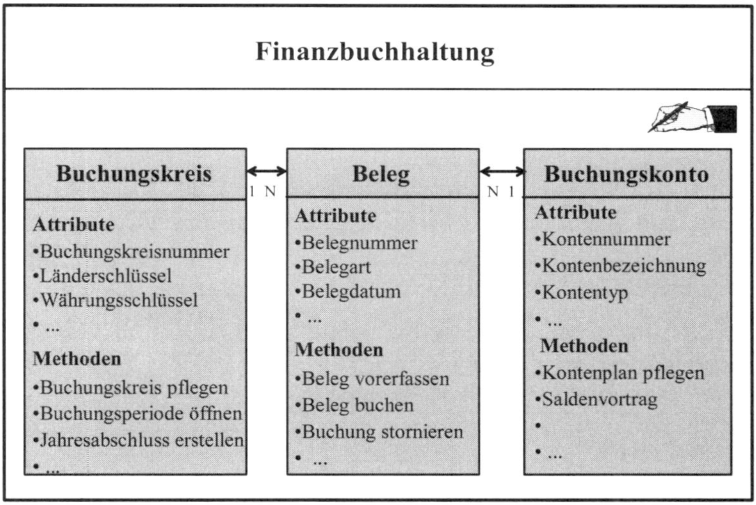

Abb. 4-6: Klassenmodell „Finanzbuchhaltung“ (Ausschnitt)

Attribute zur Klasse „Buchungskreis“ sind z.B. seine Nummer, der Länderken- und der Währungsschlüssel. Methoden sind diejenigen zum Pflegen der Buchungskreisdaten, zum Öffnen und Schließen von Buchungsperioden, zur Erstellung des Jahresabschlusses, usw.

Attribute zur Klasse „(Buchungs)konto“ sind z.B. die Kontennummer lt. Kontenplan, die Bezeichnung sowie der Kontentyp. Methoden der Klasse sind diejenigen zum Pflegen der Kontendaten, zum Erstellen des Saldovortrags am Jahreswechsel bei Bilanzkonten, usw.

Attribute eines Belegs sind z.B. die Belegnummer, das Belegdatum und die Belegart, welche die Buchung des Belegs steuert. Methoden sind z.B. diejenigen zum Vorerfassen, Buchen und Stornieren des Belegs.

Zwischen den Designklassen bestehen auch Beziehungen. So muss ein Beleg eindeutig zu einem Buchungskreis und einem Konto zugeordnet werden können, während umgekehrt pro Buchungskreis und pro Konto natürlich mit mehreren Belegen zu rechnen ist.

4.2.2.3 IT-Schnittstellen

Auch das Finanzbuchhaltungssystem ist eingebettet in den Kreis anderer Anwendungssysteme.

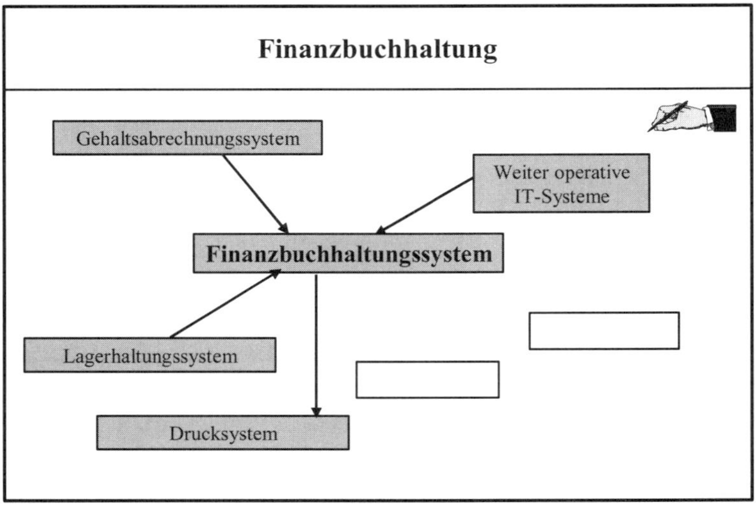

Abb. 4-7: IT-Schnittstellen „Finanzbuchhaltung“

Insbesondere bezieht es die Buchungsbelege von allen IT-Systemen, die im Unternehmen Vorgänge von bilanzieller Relevanz abwickeln. Dies reicht vom Gehaltsabrechnungssystem und dem Lagerhaltungssystem über das Inkasso/ Exkasso-System zu weiteren IT-Systemen des Unternehmens. Druckstücke wie Abrechnungsbögen oder die Bilanz werden an das Drucksystem übergebenen und von diesem gedruckt. Das Finanzbuchhaltungssystem selbst beschränkt sich auf die Abbildung der Buchungsvorschriften in den Stammdaten, das Verbuchen der übernommenen Belege und die Erstellung von Bilanz sowie Gewinn- und Verlustrechnung.

4.2.3 Standardsoftware

Branchenneutrale Anwendungssysteme sind, wie erwähnt, bevorzugte Geschäftsfelder der Anbieter von Standardsoftware und die vorstehenden Überlegungen könnten als weniger wichtig angesehen werden. Sie sind jedoch auch dann, wenn an den Einsatz von Standardsoftware gedacht oder sogar bereits ein Anbieter bzw. sein Produkt ausgewählt sind, mehr als eine Stilübung. Auch wenn wie bei einem Finanzbuchhaltungssystem vieles durch gesetzliche Vorschriften festgelegt ist, kommt man nämlich nicht darum herum, sich zu überlegen, was man mit dem Anwendungssystem machen will, was man mit ihm nicht machen will, wie man im Rahmen der unternehmerischen Gestaltungsmöglichkeiten beim Customizing die Steuerungsparameter der Standardsoftware einstellt und was für einen individuellen Anpassungsbedarf man darüber hinaus noch hat. Auch wird man zumindest in Teilen konkret benennen müssen, was für Daten in welcher Ausprägung verwaltet werden sollen und wie die Schnittstellen zu den bereits vorhandenen Anwendungssystemen zu bedienen sind. Unter Umständen sind bei der Ablösung von Altsystemen Zwischenlösungen zu realisieren, um auch in der Übergangszeit den Geschäftsbetrieb angemessen unterstützen zu können. Aus diesen Themen lässt sich nun auch unschwer erkennen, dass IT-technische Aspekte wie diejenigen der Schnittstellenbedienung, des konkreten Satzaufbaus von Übergabedateien, der Lauffähigkeit auf meist vorgegebener Hard- und Systemsoftware, dem Datenhaltungssystem und den Netzwerken bei der Einführung von Standardsoftware noch zeitiger zu bedenken sind als bei der Entwicklung von Individualsoftware.

Darüber hinaus müssen sich unter den gegebenen Umständen fachliche Anforderungen ggf. an das mit der ausgewählten Standardsoftware Machbare anpassen. Dies ist der Preis für die Vorzüge von Standardsoftware, die schnell als lauffähiges Produkt verfügbar ist und kostengünstiger sein kann als Individualsoftware. Aber der Leistungsumfang und auch seine Weiterentwicklung durch den Anbieter richten sich eben nach den Bedürfnissen der Gesamtheit potentieller Nutzer bzw. dem, was der Anbieter aufgrund seiner Zielgruppenbeobachtungen dafür hält. Solange über Customizing-Aktivitäten die Anpassung an unternehmensspezifische Anforderungen möglich ist, stellt dies kein großes Problem dar, gehen die Anforderungen jedoch darüber hinaus, so heißt es für die Fachabteilung sich zu bescheiden oder den Weg ergänzender Individualentwicklung zu nehmen. In diesem Fall begibt man sich allerdings zumindest in Teilen der Vorteile, die mit Standardsoftware verbunden sind. Man trägt ganz allein die Verantwortung für Funktionsfähigkeit und Systemverträglichkeit der individuellen Ergänzungen und auch deren Kosten, sowohl bei der Ersteinführung als auch in der Folge, wenn Releasewechsel durch den Hersteller der Standardsoftware erneute Anpassungen erfordern.

4.3 Anwendungen bei Banken und Versicherungen

In diesem Abschnitt stellen wir zwei für Banken und Versicherungen typische Anwendungssysteme vor, und zwar ein System zur Führung von Versicherungsverträgen (Bestandsführungssystem) und ein System zur Führung von Girokonten bei einer Bank. Für beide entwickeln wir wieder (rudimentäre) Anwendungsfall- und Designklassenmodelle und betrachten die Schnittstellen zu anderen IT-Systemen.

4.3.1 Bestandsführung

Bestandsführungssysteme sind charakteristisch für die Versicherungswirtschaft, kein Versicherer kommt ohne sie aus. Exemplarisch betrachten wir hier ein System zum Führen von Kfz-Vertragsbeständen, verzichten jedoch aus Platzgründen auf eine vollumfängliche Darstellung und konzentrieren uns stattdessen auf wesentliche Bestandteile des Anwendungssystems. Die Übertragung der Erkenntnisse auf andere Versicherungssparten ist leicht möglich.

4.3.1.1 Anwendungsfalldiagramm

Aktoren haben Leistungsanforderungen an unser System bzw. erbringen Leitungsbeiträge für das System.

Beim Bestandsführungssystem sind z.B. Aktoren:

- Bestandssachbearbeiter, die Verträge betreuen
- Außendienstmitarbeiter mit direkten Zugang zum System
- Versicherungsnehmer, wenn diese über das Internet Zugang zu ihren eigenen Vertragsdaten haben und diese z.B. einsehen können
- ein spartenübergreifendes Adressverwaltungssystem
- ein Inkassosystem für das Einziehen der Prämie

Leistungsanforderungen und Leistungsbeiträge drücken wir in der Form von Anwendungsfällen aus. So legen Bestandsachbearbeiter neue Verträge an und pflegen diese. Dasselbe machen sie mit den versicherten

Fahrzeugen, die in diesem Zusammenhang Risiko genannt werden. Wenn sie nach Prüfung der Antragsdaten einen Versicherungsvertrag endgültig bestätigen, dann nennt man das „policieren“. Die dafür benötigten Adressdaten zum Versicherungsnehmer aber werden nicht im Bestandsführungssystem verwaltet sondern kommen von einem zentralen Adressverwaltungssystem, das die Adressdaten für alle Versicherungssparten gemeinsam verwaltet.

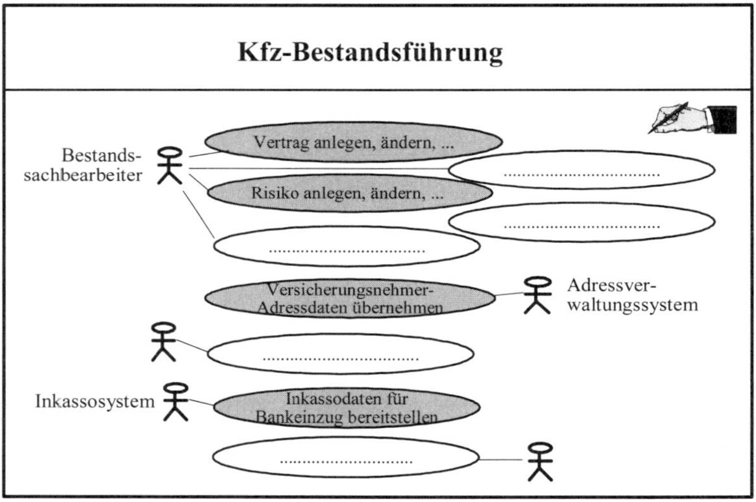

Abb. 4-8: Anwendungsfalldiagramm „Kfz-Bestandsführung“

Die Daten für den Einzug der zum Vertrag fälligen Prämie, aber werden an das zentrale Inkassosystem abgegeben, das dies ebenfalls für alle Sparten erledigt und ggf. auch das Mahnverfahren einleitet und überwacht. Das System zur Führung der Kfz-Verträge beschränkt sich auf seine originären Aufgaben.

4.3.1.2 Designklassenmodell

In Designklassen-Modellen werden die funktionalen Anforderungen der Anwendungsfälle konkretisiert und mit den jeweils benötigten Daten zusammengeführt. Dazu arbeiten wir wieder die Anwendungsfälle des Anwendungsfallmodells einen nach dem anderen ab, ergänzen bereits vorhandene Klassen mit weiteren Attributen und Methoden bzw. definieren neue Designklassen. Wesentliche Designklassen zu einem „Bestandsführungssystem Kfz“ sind z.B.:

- Versicherungsnehmer (VN), das ist der Kunde als Vertragspartner
- Vertrag, z.B. der Kfz-Haftpflichtvertrag
- Risiko, d.h. das einzelne Fahrzeug
- Tarif, z.B. der sog. Beamtentarif in der Kfz-Versicherung

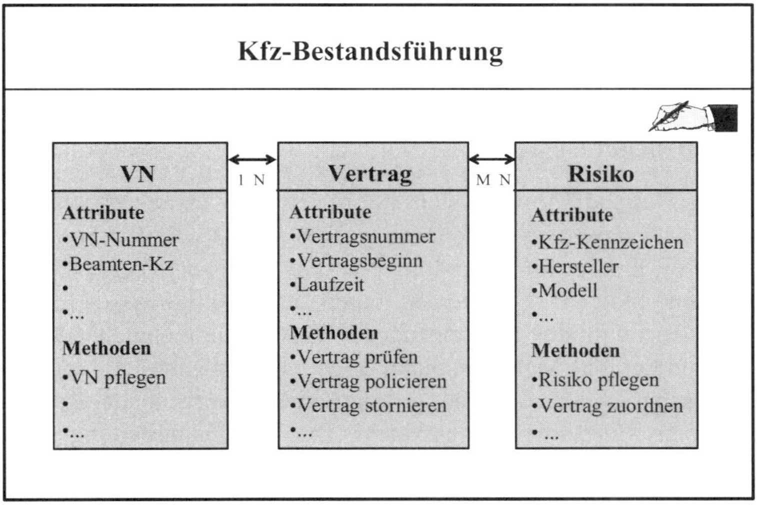

Abb. 4-9: Klassenmodell „Kfz-Bestandsführung“ (Ausschnitt)

Attribute zur Klasse „Versicherungsnehmer“ sind z.B. die VN-Nummer und ein Kennzeichen, das ausdrückt ob günstige Tarife wie diejenigen für Beschäftige des öffentlichen Dienstes angewendet werden können. Methoden der Klasse sind die Pflegefunktionen zum Anlegen, Anzeigen, Ändern und Löschen der VN-Attribute, usw.

Attribute zur Klasse „Vertrag“ sind z.B. Vertragsnummer, Vertragsbeginn und Laufzeit. Methoden der Klasse sind „Vertrag prüfen“, Vertrag policieren“, “Vertrag stornieren“, etc.

Attribute der Klasse „Risiko“ sind z.B. das Kfz-Kennzeichen, der Hersteller und das Modell des Fahrzeugs. Methoden sind die gängigen Pflegefunktionen und die Zuordnung zu einem Vertrag, aber auch solche zum Druck der Attribute des Risikos, usw.

Zwischen den Designklassen bestehen auch Beziehungen. So muss unser Kfz-Bestandsführungssystem so ausgelegt werden, dass für einen Versicherungsnehmer mehrere Verträge geführt werden können, z.B. ein Haftpflicht- und ein Teilkaskovertrag. Andererseits aber muss ein Vertrag genau einem Versicherungsnehmer zugeordnet werden können. Außerdem kann jeder Vertrag mehrere Risiken (Fahrzeuge) einschließen, aber ein einzelnes Risiko kann auch in mehreren Verträgen vorkommen, z.B. im Haftpflicht- und im Teilkaskovertrag.

4.3.1.3 IT-Schnittstellen

Auch das Bestandführungssystem kooperiert über IT-Schnittstellen mit anderen Anwendungssystemen. So werden der Druck der Police, das Inkasso von Erst- und Folgeprämie oder die Provisionierung eines Vertrages von anderen IT-Systemen unterstützt. Das Inkassos/Exkasso-System übernimmt den Bankeinzug, die Verarbeitung eingehender Zahlungen und ggf. das Mahnverfahren. Sollten ausstehende Zahlungen den Versicherungsschutz aufheben, erfolgt eine entsprechende Rückmeldung an das Bestandsführungssystem. Die Druckverarbeitung besorgt das Drucken von Anschreiben, Police und Überweisungsträger, die Couvertierung der Briefe und den Postversand. Das Provisionssystem übernimmt die Berechnung von Abschluss- und Bestandspflegeprovision für die Mitarbeiter des Außendiensts, die den Vertrag akquiriert haben. Die Erstellung der Provisionsnote dagegen gibt auch dieses System ab an die Druckverarbeitung und die Auszahlung der Provision übernimmt wieder das Inkasso/Exkasso-System.

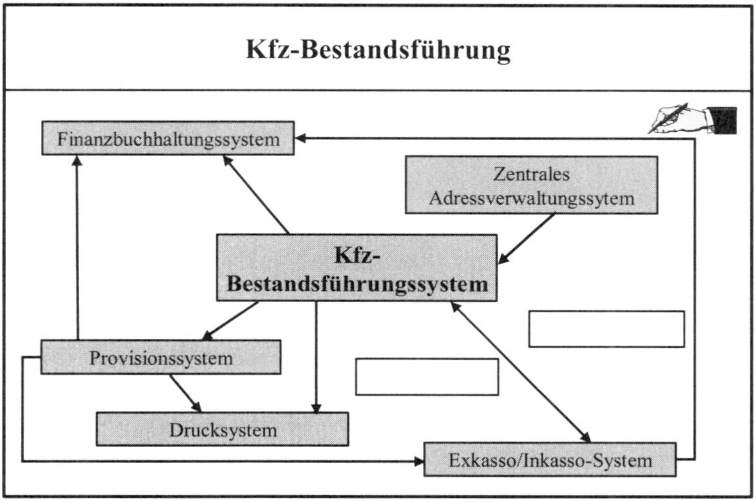

Abb. 4-10: IT-Schnittstellen „Kfz-Bestandsführung"

Da die Adressdaten der Versicherungsnehmer mit mehreren Verträgen nicht redundant vorgehalten und verwaltet werden sollen, übernimmt diese Aufgabe für alle Bestandsführungssysteme ein zentrales Adressverwaltungssystem. Zudem geben alle Systeme die erforderlichen Informationen an das Finanzbuchhaltungssystem ab. Die Bestandsführung selbst beschränkt sich bei all diesen Vorgängen auf Pflege und Bereitstellung der erforderlichen Vertrags- und Risikodaten, die virtuelle Schriftguterstellung und das Bedienen der Schnittstellen zu den Partnersystemen.

4.3.2 Kontenführung

Die Führung von Girokonten gehört zu den zentralen Dienstleistungen einer Bank. Die IT-Unterstützung erfolgt durch Systeme zur Kontenführung, es bestehen jedoch Verbindungen zu anderen Anwendungssystemen wie denjenigen zu Zahlungsverkehrssystemen oder der Adressverwaltung. Die fachlichen Anforderungen an ein Kontenführungssystem beschreiben wir zunächst wieder in der Form eines Anwendungsfalldiagramms. Im zweiten Schritt entwickeln wir dann ein Designklassenmodell und im Anschluss daran befassen wir uns näher mit den Schnittstellen zu anderen IT-Systemen.

4.3.2.1 Anwendungsfalldiagramm

Aktoren eines IT-Systems zur Kontenführung sind z.B.:

- Bank-Sachbearbeiter, die z.B. Kontenstammdaten pflegen
- der Kontoinhaber selbst, z.B. bei „Electronic Banking“
- Zentrale Adressverwaltungssysteme
- Zahlungsverkehrssysteme, über die Auszahlungen und Gutschriften abgewickelt werden

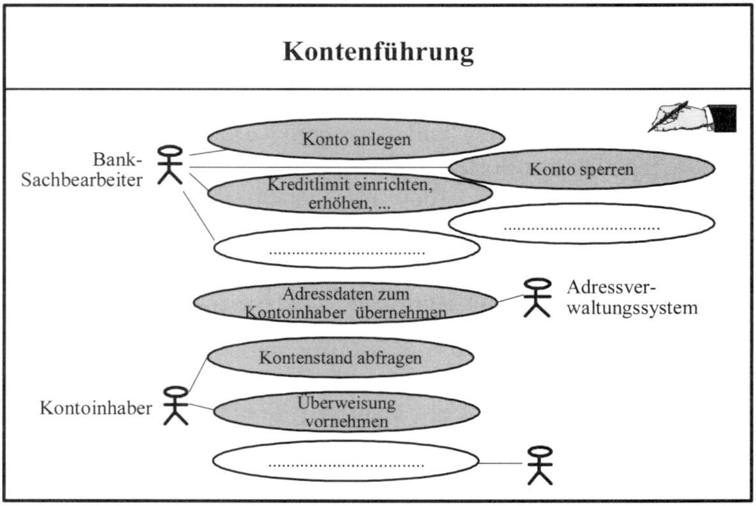

Abb. 4-11: Anwendungsfalldiagramm „Kontenführung“

Die Anforderungen an das System drücken wir wieder in der Form von Anwendungsfällen aus. So legen Sachbearbeiter Konten an und pflegen die Stammdaten hierzu, z.B. indem sie ein Kreditlimit einrichten oder verändern. Manchmal müssen sie ein Konto auch sperren. Der Konteninhaber selbst möchte im Rahmen von „Electronic Banking“ von zu Hause aus den Kontenstand abfragen und Überweisungen tätigen können. Erforderliche Adressdaten, z.B. für den Druck eines Kontoauszugs werden vom zentralen Adressverwaltungssystem übernommen. Weitere Anforderungen ergeben sich aus der fachlichen Diskussion.

4.3.2.2 Designklassenmodell

In den Designklassen werden die funktionalen Anforderungen der Anwendungsfälle konkretisiert und zusammen mit den jeweils benötigten Daten aufgeführt. So finden wir für ein Anwendungssystem zur „Kontenführung“ z.B. folgende Designklassen:

- Inhaber, identifiziert durch die Kundennummer
- Konto, identifiziert durch die Kontonummer
- Kontenbewegung, identifiziert durch die Belegnummer

Attribute zur Klasse „Inhaber“ sind z.B. Kundennummer, Name und Geburtsdatum. Methoden von „Inhaber“ sind „Inhaber anlegen“ und „Konto zuordnen“, usw.

Attribute zur Klasse „Konto“ sind z.B. Kontonummer, Währung und Kontostand. Methoden von „Konto“ sind „Konto anlegen“, „Kontostand einsehen“, „Kreditlimit einrichten“, usw.

Attribute zur Klasse „Kontenbewegung“ sind z.B. Belegnummer, Belegdatum und Betrag. Methoden von „Kontenbewegung“ sind „Beleg einbuchen“, „Beleg stornieren“, usw.

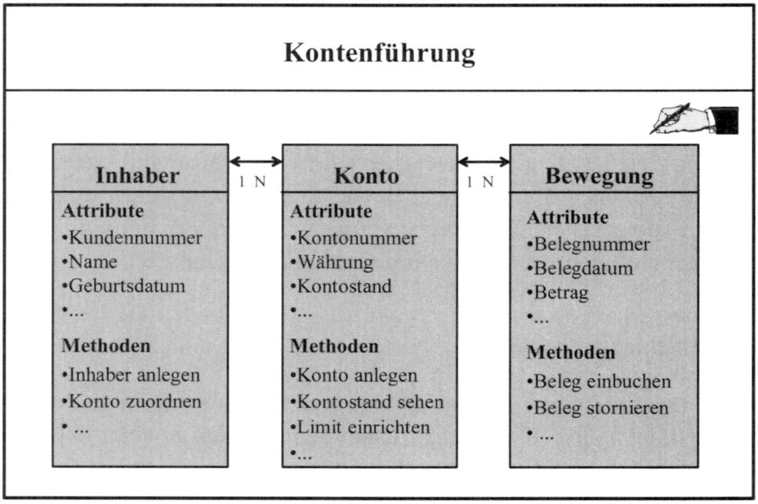

Abb. 4-12: Klassenmodell „Kontenführung" (Ausschnitt)

Zwischen den Designklassen bestehen wieder Beziehungen. So kann jeder Kontoinhaber mehrere Konten haben, aber zu einem Konto gibt es jedoch nur einen eindeutigen Kontoinhaber. Auch gibt es zu einem Konto mehrere Bewegungen, jede Bewegung bezieht sich aber auf ein konkretes Konto.

4.3.2.3 IT-Schnittstellen

Auch das Kontenführungssystem kommuniziert mit seinem IT-Umfeld. So werden Kontenbewegungen von Zahlungsverkehrssystemen in der Form von Gut- und Lastschriften oder auch vom Depotverwaltungssystem in Zusammenhang mit Käufen und Verkäufen von Wertpapieren oder durch Zins- und Dividendenzahlungen ausgelöst. Adressdaten des Kontoinhabers werden vom zentralen Adressverwaltungssystem bezogen. Den Druck von Kontoauszügen übernimmt das Drucksystem.

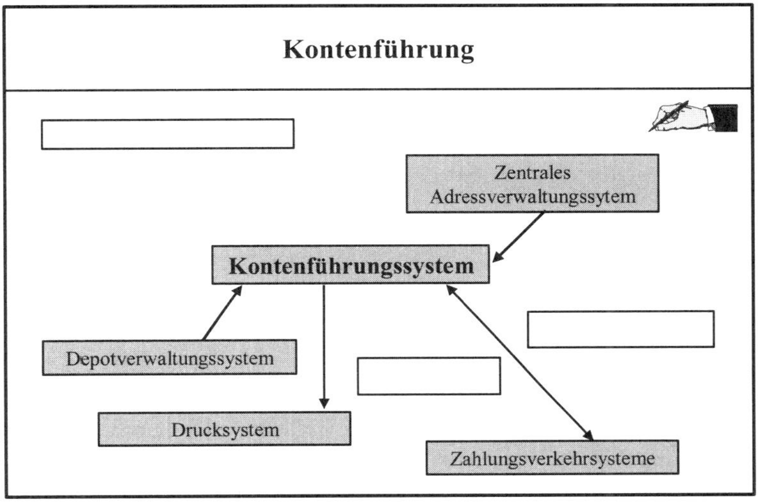

Abb. 4-13: IT-Schnittstellen „Kontenführung“

Das Kontoführungssystem selbst beschränkt sich auf die Führung des Kontos, die Schriftguterstellung und das Füllen der Schnittstellen zu den Partnersystemen.

4.4 Anwendungen bei Industrie und Handel

In diesem Abschnitt stellen wir zwei für Industrie und Handel typische Anwendungssysteme vor, und zwar ein Lagerhaltungssystem und ein System zur Produktionsplanung. Für beide entwickeln wir in der gewohnten Art Ausschnitte von Anwendungsfall- und Designklassenmodellen und beleuchten die Schnittstellen zu anderen IT-Systemen.

4.4.1 Lagerhaltung

IT-Unterstützung bei der Lagerhaltung ist sowohl im Handel als auch in der Fertigungsindustrie erforderlich. In beiden Fällen sind bei Lieferanten bezogene Teile einzulagern und bei Bedarf an die Kunden auszuliefern. Bei Unternehmen der Fertigungsindustrie sind darüber hinaus auch Rohmaterialien oder Zwischenprodukte für die Fertigung zu entnehmen und ggf. selbst gefertigte Zwischenprodukte im Lager einzulagern.

4.4.1.1 Anwendungsfalldiagramm

Aktoren eines Systems zur Lagerhaltung sind z.B.:

- der Lagerverwalter
- das Inventursystem
- das Produktionsplanungssystem
- das Finanzbuchhaltungssystem

Diese Aktoren haben Anforderungen an das Lagerhaltungssystem bzw. sie erbringen Leistungsbeiträge dafür. Beides drücken wir in der Form von Anwendungsfällen aus. So pflegt der Lagerverwalter einerseits die Stammdaten für die im Lager aufzubewahrenden Materialien und andererseits den Materialstand, indem er Materialeingänge und Materialentnahmen verbucht. Mindestens einmal jährlich erfolgt eine Inventur des Lagers, die durch ein eigenes Inventursystem unterstützt wird. Wenn dabei Differenzen zwischen tatsächlichem Bestand und dem vom Lagerhaltungssystem geführten Buchbestand festgestellt werden müssen die Bestandsdaten im Lagerhaltungssystem korrigiert werden.

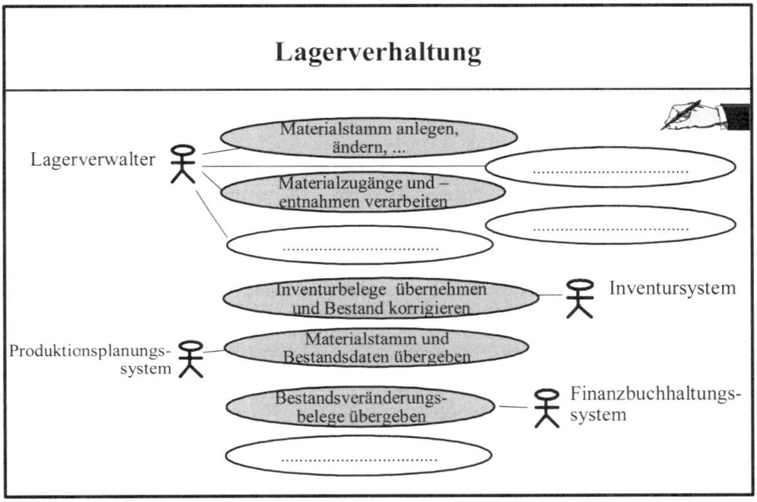

Abb. 4-14: Anwendungsfalldiagramm „Lagerhaltung“

Materialstammdaten und die aktuellen Lagerbestände werden bei der Produktionsplanung benötigt und müssen für das Produktionsplanungssystem bereitgestellt werden. Und dann ist das Finanzbuchhaltungssystem über diejenigen Materialbewegungen (z.B. Inventurdifferenzen) ins Bild zusetzten, die buchhalterisch verarbeitet werden müssen.

4.4.1.2 Designklassenmodell

In den Designklassen werden die funktionalen Anforderungen der Anwendungsfälle wieder konkretisiert und zusammen mit den jeweils benötigten Daten aufgeführt. So haben wir für ein „Lagerhaltungssystem“ u.a. folgende Designklassen:

- Material, identifiziert durch die Materialnummer
- Materialbeleg, identifiziert durch die Belegnummer

Attribute zur Klasse „Material " sind z.B. die Materialnummer, die Bezeichnung, das Gewicht, die Farbe oder der aktuelle Lagerbestand. Methoden von „Material" sind „Material anlegen", „Material ändern", „Materialbewegungen verbuchen", usw.

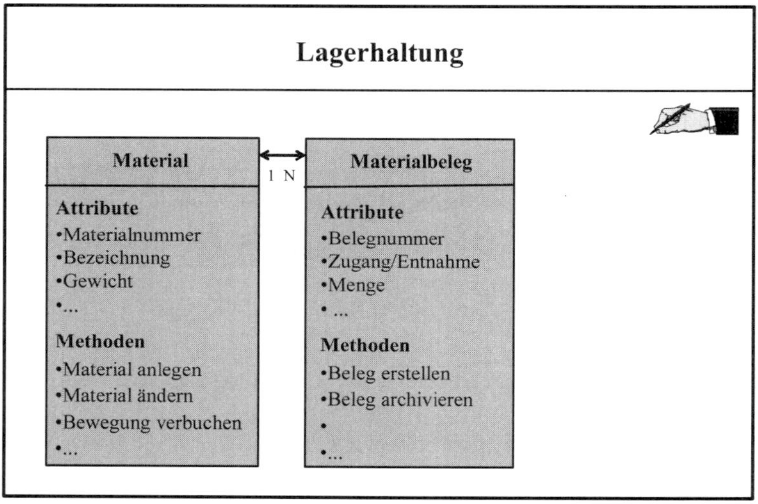

Abb. 4-15: Klassenmodell „Lagerhaltung" (Ausschnitt)

Attribute zur Klasse „Materialbeleg" sind z.B. die Belegnummer, ein Kennzeichen ob Zugang oder Entnahme und die bewegte Menge, Methoden sind „Beleg erstellen", „Beleg archivieren", usw.

Auch zwischen den Designklassen in unserem Ausschnitt des Modells bestehen Beziehungen. So gibt es im Lauf der Zeit zu jedem Material mehrere Bewegungen, die von einem Materialbeleg repräsentiert werden. Umgekehrt gehört jeder Materialbeleg zu genau einem Material.

4.4.1.3 IT-Schnittstellen

Auch die Schnittstellen zu anderen Anwendungssystem ergeben sich weitgehend aus dem Anwendungsfallmodell. So liefert das Inventursystem bei Inventurdifferenzen Korrekturbelege zum Materialbestand. Das Produktionsplanungssystem erfragt den aktuellen Lagerbestand für die für einen Fertigungsauftrag erforderlichen Materialien, um zu entscheiden, ob der Auftrag direkt eingeplant werden kann oder erst weiteres Material beschafft werden muss. Wird ein Fertigungsauftrag freigegeben, dann werden die erforderlichen Materialentnahmen aus dem Lager veranlasst. Lagerbewegungen werden ggf. auch in der Finanzbuchhaltung nachvollzogen, die mit den erforderlichen Daten versorgt werden muss.

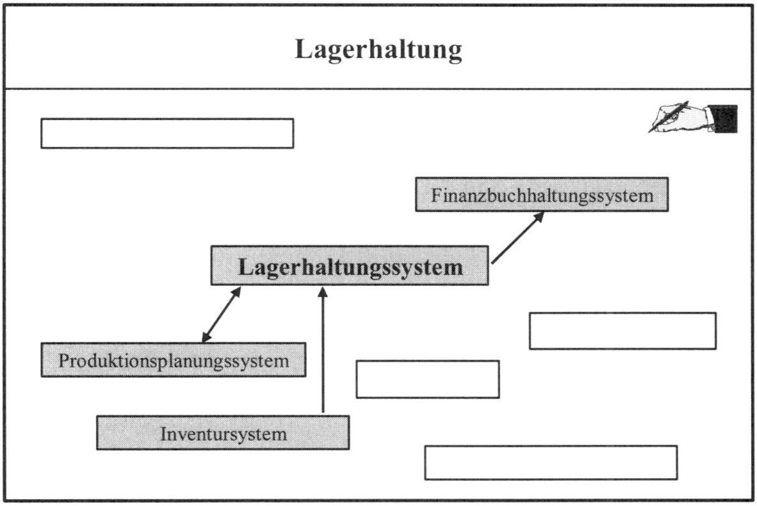

Abb. 4-16: IT-Schnittstellen „Lagerhaltung“

Das Lagerhaltungssystem selbst beschränkt sich auf Pflege und Bereitstellung der Materialstammdaten sowie die Abbildung des aktuellen Lagerbestands.

4.4.2 Produktionsplanung

Für die Planung von Fertigungsaufträgen muss man genau wissen, welche Ressourcen man wann benötigt. Einerseits muss für die Fertigung eines bestimmten Teils Ausgangsmaterial aus dem Lager entnommen bzw. direkt angeliefert werden (just in time), anderseits muss klar sein, welche Ressourcen wann und für wie lange benötigt werden, seien es bestimmte Maschinen oder Mitarbeiter. Welches Material man für die Fertigung eines bestimmten Produktes benötigt, das kann man der sog. „Stückliste" entnehmen. Die Stückliste enthält in einer Baumstruktur alle Materialien nach Menge und Qualitätsanforderungen, die für die Produktion des geforderten Teils nötig sind. Darunter können auch Bauteile sein, die sich ihrerseits wieder aus weiteren Teilen zusammensetzen. Die Auflösung der Stückliste kann deshalb zu einer stattlichen Anzahl erforderlicher Ausgangsmaterialien führen. Die zur Produktion erforderlichen Arbeitsgänge dagegen werden im sog. Arbeitsplan festgehalten. Dort wird zunächst die genaue Reihenfolge der Arbeitsgänge festgelegt, z.B. erst fräsen, dann polieren und zum Schluss montieren. Für jeden Arbeitsgang wird jedoch auch festgelegt, welche Zeitdauer dafür veranschlagt wird und welche Maschine in welcher Ausrüstung dafür benötigt wird. Wir beschreiben die fachlichen Anforderungen zunächst wieder beispielhaft in der Form eines Anwendungsfalldiagramms und entwickeln dann ein erstes Designklassenmodell. Zum Schluss betrachten wir die Schnittstellen zu anderen IT-Systemen.

4.4.2.1 Anwendungsfalldiagramm

Aktoren eines Systems zur Produktionsplanung sind z.B.:

- der Konstrukteur, der Stücklisten und Arbeitspläne erstellt
- der Produktionsplaner, der die Fertigungsaufträge einplant
- das Lagerhaltungssystem, das Materialdaten bereitstellt
- der Vertrieb der durch die von ihm akquirierten Aufträge indirekt die Fertigungsaufträge auslöst

Diese Aktoren haben Anforderungen an das Produktionsplanungssystem bzw. sie erbringen Leitungsbeiträge. Beides drücken wir in der Form von Anwendungsfällen aus. So erstellt der Konstrukteur sowohl die Stückliste als auch den Arbeitsplan mit den Arbeitsgängen. Die Materialstammdaten für die Teile der Stückliste kennen wir schon vom Lagerhaltungssystem und können von dort übernommen werden. Die Daten zu den vom Vertrieb akquirierten Aufträgen, aus denen die zu fertigenden Produkte und die verkaufte Menge hervorgehen, werden dagegen vom Vertriebssystem angeliefert.

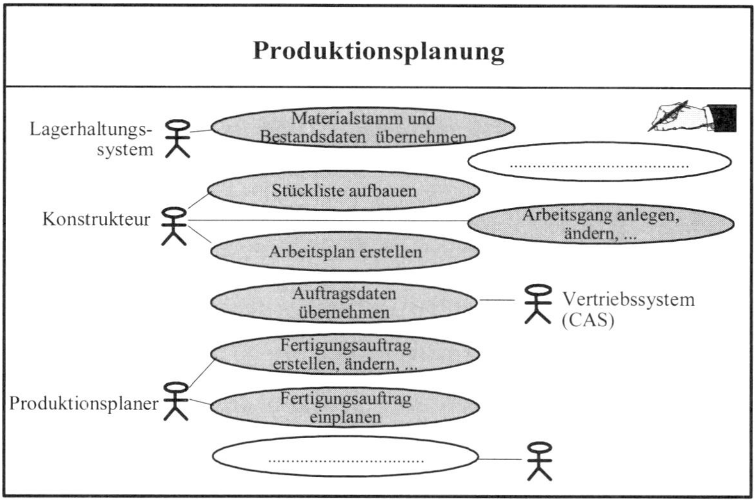

Abb. 4-17: Anwendungsfalldiagramm „Produktionsplanung“

Der Produktionsplaner will davon ausgehend Fertigungsaufträge erstellen und für die Produktion einplanen, wobei er auf die vorbereitenden Stücklisten und Arbeitspläne zurückgreift. Vielleicht ist im Lager auch nicht ausreichend Material verfügbar und es müssen Beschaffungsvorgänge in Gang gesetzt werden bzw. Fertigungsaufträge verschoben oder in Teilaufträge aufgeteilt werden.

4.4.2.2 Designklassenmodell

In den Designklassen werden die funktionalen Anforderungen der Anwendungsfälle wieder konkretisiert und zusammen mit den jeweils benötigten Daten aufgeführt. So haben wir für ein Anwendungssystem zur „Produktionsplanung" z.B. folgende Designklassen gefunden:

- Teil, d.h. das einzelne Werkstück, identifiziert durch die Teilenummer
- Arbeitsplan, d.h. die Gesamtheit aller bei der Produktion durchzuführenden Arbeitsgänge
- Arbeitsgang, d.h. ein einzelner Bearbeitungsschritt bei der Herstellung

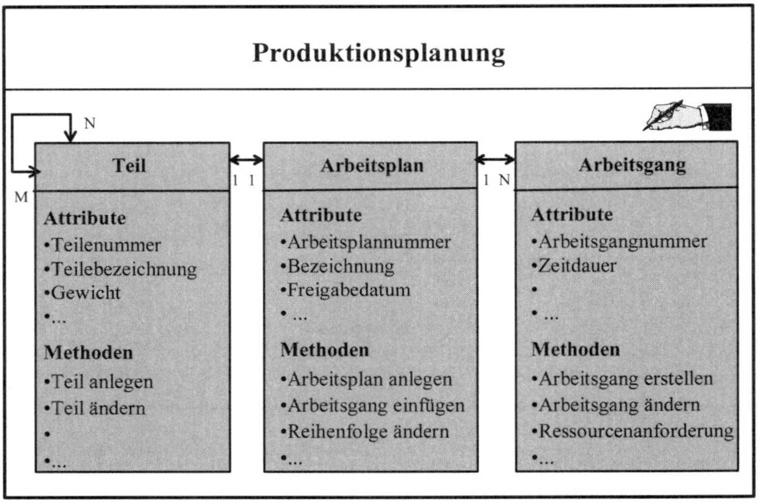

Abb. 4-18: Klassenmodell „Produktionsplanung" (Ausschnitt)

Attribute zur Klasse „Teil " sind z.B. die Teilenummer, die Teilebezeichnung, das Gewicht, die Farbe oder der aktuelle Lagerbestand. Methoden von „Teil" sind „Teil anlegen", „Teil ändern", usw. Die Ähnlichkeiten mit der Designklasse „Material" aus dem Lagerhaltungssystem drängen sich auf. Da ein Teil selbst ebenfalls im Lager bevorratet werden kann, ist dies auch nicht verwunderlich, ggf. könnte man aus „Material" und „Teil" eine einzige Klasse machen.

Attribute zur Klasse „Arbeitsplan " sind z.B. die Arbeitsplannummer zur Identifizierung, die Bezeichnung und das Produktionsfreigabedatum. Methoden von „Arbeitsplan" sind „Arbeitsplan anlegen", „Arbeitsgang einfügen", „Reihenfolge der Arbeitsgänge ändern", usw.

Attribute zur Klasse „Arbeitsgang" sind z.B. die Arbeitsgangnummer zur Identifizierung, und die Zeitdauer. Methoden sind z.B. „Arbeitsgang erstellen", „Arbeitsgang ändern" oder diejenigen zur Zuordnung der erforderlichen Ressourcen.

Zwischen den Designklassen in unserem Ausschnitt des Modells gibt es wieder Beziehungen. So gibt es zu jedem Teil (in unserem Beispiel nur) einen Arbeitsplan für seine Fertigung. Der Arbeitsplan selbst hat mehrere Arbeitsgänge, die aber dem einzelnen Arbeitsplan eindeutig zugeordnet sind. Nun kann aber ein Teil verständlicherweise aus weiteren Teilen bestehen, die wir bearbeiten und zusammenführen, das ist die bereits erwähnte Stückliste. Und dann kann ein Teil selbst wieder Bestandteil der Stückliste von vielen anderen Teilen sein. Und das alles drücken wir mit der rekursiven Beziehung an der Designklasse „Teil" aus.

4.4.2.3 IT-Schnittstellen

Eine wichtige IT-Schnittstelle unseres Produktionsplanungssystems weist zum Lagerhaltungssystem, von dem wir Verfügbarkeitsdaten für die einzelnen Materialen abrufen und bei dem wir mit freigegebenen Fertigungsaufträgen Lagerentnahmen auslösen. Die andere Schnittstelle weist zum Vertriebssystem, aus dem die Aufträge der Kunden kommen, die dann in Fertigungsaufträgen münden. Eine weitere Schnittstelle gibt es zum Finanzbuchhaltungssystem, das alle bilanzrelevanten Folgen der Fertigungsaufträge abbildet. Natürlich könnte es weitere Schnittstellen zu andern IT-Systemen geben, aber uns ging es im ganzen Kapitel lediglich um einen Eindruck vom Leistungsspektrum der Anwendungssysteme. Deshalb beschränken sich unsere Betrachtungen auch auf Teilausschnitte. Darüber hinaus sind diese auch noch lückenhaft, denn in sich abgeschlossene Konzepte für komplexe Anwendungssysteme würden den Rahmen dieses Buchs sprengen.

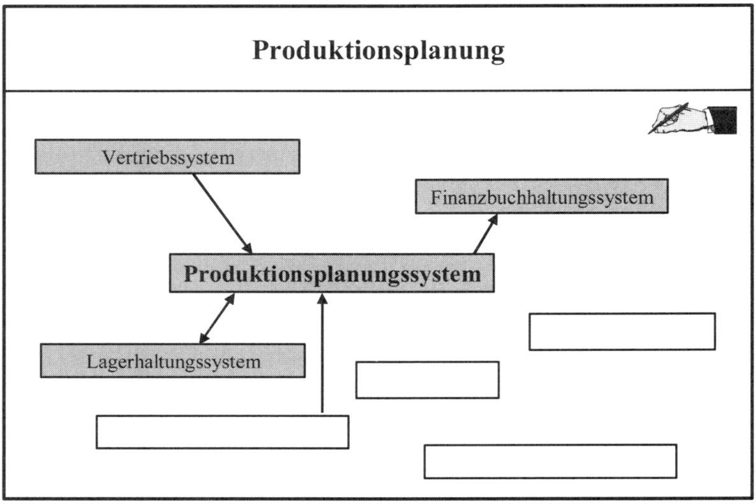

Abb. 4-19: IT-Schnittstellen „Produktionsplanung“

4.5 Zusammenfassung

In diesem Kapitel haben wir erfahren, was das Wesen von Anwendungssystemen ausmacht und was sie von sog. „systemnaher“ Software abgrenzt. Wir haben verschiedene Anwendungssysteme kennen gelernt und uns inhaltlich näher mit einigen branchenneutralen und ein paar branchenspezifischen Anwendungssystemen beschäftigt. Zugleich haben wir uns ansatzweise in der Kunst der Anforderungsanalyse und des fachlichen Designs von Anwendungssystemen geübt.

Für ergänzende Studien führen wir ein paar Literaturhinweise an:

- Alpar, Paul, et al.: Anwendungsorientierte Wirtschaftsinformatik, 3. Auflage, Vieweg, Braunschweig, 2002
- Mertens, Peter, et al.: Grundzüge der Wirtschaftsinformatik, 8. Auflage, Springer, 2004

5 e-Commerce

Dieses Kapitel gilt dem elektronischen Handel mit Gütern und dem Verkauf von Dienstleistungen über elektronische Netzwerke wie dem Internet. Dabei beginnen wir unseren Diskurs bei den diversen Segmenten des e-Commerce und betrachten die Innovationen, die elektronische Geschäftsbeziehungen auszeichnen. Die folgenden Abschnitte konzentrieren sich dann jeweils auf einen der wichtigsten Schritte bei elektronischen Geschäften: der Anbahnung mit dem Webauftritt, dem Erbringen der Leistung und dem Bezahlen dieser Leistung. Daran an schließt sich das aktive Management der Kundenbeziehung und den Abschluss macht eine Zusammenfassung des Kapitels mit Literaturhinweisen.

5.1 Elektronische Geschäftsbeziehungen

Wir starten mit einem Überblick über die Segmente elektronischer Geschäftsbeziehungen, konzentrieren uns jedoch im Weiteren auf das Geschäft zwischen Unternehmen und Verbrauchern (Business to Consumer Commerce). Dann befassen wir uns mit den Innovationen, die elektronische Geschäftskontakte auszeichnen und gehen auf die technologischen Grundlagen ein, die für das Verständnis von Möglichkeiten und Grenzen des e-Commerce unerlässlich sind.

5.1.1 Segmente des e-Commerce

Eine erste Übersicht über die vielfältigen Varianten des elektronischen Handels mit Gütern und Dienstleistungen lässt sich gewinnen durch eine Klassifizierung der Nachfrager nach Unternehmen und Privatpersonen. Da diese Gruppen andererseits auch als Anbieter auftreten können, wendet man dasselbe Klassifizierungsschema konsequenterweise auch auf die Anbieterseite an. So ergeben sich vier Typen von Geschäftsbeziehungen, nämlich zwischen

- Privatpersonen untereinander, z.B. dem Internet-Kleinanzeigenmarkt
- Unternehmen untereinander, z.B. beim Auslösen von Teillieferungen bei einem festen Zulieferer
- Unternehmern und Privatpersonen, wobei die Unternehmen als „Anbieter" auftreten, z.B. beim Online-Angebot eines Internet-Buchhändlers
- Privatpersonen und Unternehmen, wobei Privatpersonen als „Anbieter" auftreten, z.B. beim auf der privaten Homepage dargestellten Bewerberprofil eines Stellen suchenden Arbeitnehmers

Von diesen vier Typen von Geschäftsbeziehungen haben diejenigen wirtschaftliche Bedeutung erlangt, bei denen Unternehmen als Anbieter auftreten. Das Segment, in dem die Nachfrager ebenfalls Unternehmen sind, wird unter dem Oberbegriff „Business to Business Commerce", kurz „B-B Commerce", zusammengefasst. Geschäftsbeziehungen, bei denen Privatpersonen als Nachfrager auftreten, werden dagegen dem „Business to Consumer Commerce“, kurz „B-C Commerce“ zugeordnet.

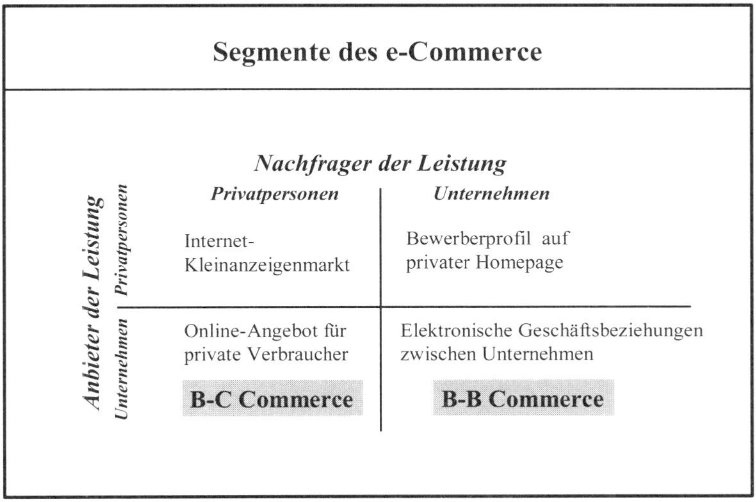

Abb. 5-1: Segmente des e-Commerce

Gelegentlich wird sowohl auf Anbieter- als auf Nachfragerseite die öffentliche Verwaltung als eigener Marktpartner aufgeführt. Wenn man von dem Segment absieht, bei dem öffentliche Verwaltungen als Nachfrager bei Unternehmen auftreten, lässt sich die wirtschaftliche Bedeutung dieser Segmente des e-Commerce jedoch nicht in Umsatzzahlen ausdrücken, auch wenn sie über die Beschleunigung und Vereinfachung von Abläufen zur Wertschöpfung beitragen. Unabhängig davon stellt für viele Wirtschaftszweige die Ansprache und der Geschäftsabschluss mit dem Endkunden das wichtigste Segment des e-Commerce dar. Deshalb konzentrieren wir uns in den späteren Abschnitten des Kapitels auf den Bereich „B-C Commerce“, wobei jedoch viele der dort besprochenen Themen für andere Sektoren des e-Commerce in ähnlicher Weise zutreffen.

5.1.2 Innovationen im e-Commerce

Häufig entsteht in Zusammenhang mit Internet und Multimedia der Eindruck vom Aufkommen neuartiger Geschäftsmodelle, die es bislang nicht gegeben hätte. Bei genauer Betrachtung zeigt sich jedoch, dass dem keineswegs so ist. Häufig sind die grundsätzlichen Geschäftsmodelle altbekannt, durch die neuen Technologien ergaben sich lediglich neue Möglichkeiten. Dies trifft z.B. für den Versandhandel mit Produkten oder den Verkauf von Informationen in Fachzeitschriften zu. Auch das Bereitstellen von Werbeplattformen kennen wir vom Fernsehen und Immobilienmakler oder Reisebüros treten schon lange als Vermittler auf.

Innovationen im e-Commerce

Technologische Treiber
- Internet
- Multimedia

Innovationen bei den angebotenen Produkten und Dienstleistungen
- neue Produkteigenschaften
- neue Produkte
- neue Dienstleistungsqualitäten
- neue Dienstleistungen

Innovationen bei der Geschäftsabwicklung
- Ansprache des Interessenten
- Abschluß des Geschäfts
- Erbringen der Leistung
- Bezahlen der Leistung
- Bindung des Kunden

Abb. 5-2: Innovationen im e-Commerce

Dennoch hat die technologische Entwicklung Innovationen ermöglicht, und zwar vorwiegend durch das Internet beim Überwinden der räumlichen Distanz zwischen Anbieter und Abnehmer und durch Multimedia bei der zielgruppengerechten Darstellung von Sachverhalten. Neue Möglichkeiten ergaben sich dabei sowohl bei der Entwicklung bislang unbekannter Produkte und Dienstleistungen als auch bei den Modalitäten der Geschäftsabwicklung zu altbekannten Geschäftsmodellen.

5.1.2.1 Innovationen bei Produkten und Dienstleistungen

Beispiele für Innovationen bei den angebotenen Produkten und Dienstleistungen sind

- maßgeschneiderte Lösungen, z.B. individuell zusammengestellte Musik-CDs
- neue Hardwarekomponenten für PCs, z.B. Soundkarten, Modems oder Netzwerkkarten
- Formen der Teleberatung, z.B. bei Auskunftsdiensten von Bahn und Telekom
- neue Dienstleistungen, z.B. diejenigen von Suchmaschinen im World Wide Web

Gut bekanntes Beispiel für neue Produkteigenschaften sind die individuell mit Musikstücken zusammengestellten CDs. Die neuen Techniken erlauben hier Einzelanfertigungen wo vorher unter Kostenaspekten lediglich Serienfertigung vertretbar war. Auch Kombinationsprodukte wie Buch und CD kann man als neue Eigenschaften des Produkts „Buch" einstufen, es sei denn, man betrachtet derartige Kombiprodukte eher als neues Produkt. Neue Dienstleistungseigenschaften kann man bei allen Formen der Beratung, z.B. bei der Bahnauskunft im World Wide Web oder denjenigen der Informationsvermittlung, z.B. der Online-Zeitung, beobachten, aber vielleicht sieht man diese eher als Produkt an. Oft ist eine Beschleunigung beim Erbringen der Dienstleistung zu beobachten. Bei Beratungen kommt jedoch durch die Entkoppelung der Leistung von der Präsenz menschlicher Berater eine Verfügbarkeit der Dienstleistung rund um die Uhr hinzu, die vorher so nicht möglich war. Auch viele neue Dienstleistungen sind im Umfeld von Internet, Multimedia und e-Commerce entstanden. Weithin bekanntes Beispiel sind die Suchmaschinen im World Wide Web oder diejenigen der Virenschutzdienste. Weniger bewusst sind diejenigen der Internet Service Provider, obwohl jeder Internetnutzer sie ständig in Anspruch nimmt.

5.1.2.2 Innovationen bei der Geschäftsabwicklung

Beispiele für Innovationen bei der Geschäftsabwicklung finden sich

- bei der Kundenansprache, z.B. bei Produktpräsentation per Video
- beim Geschäftsabschluss, z.B. bei Online-Bestellung von Musik-CDs
- bei der Leistungserbringung, z.B. bei Abgabe des Musiktitels per Download
- beim Bezahlen, z.B. per Cyber-Geld
- bei der Kundenpflege, z.B. beim Wiedererkennen des Kunden, wenn er die Webseite erneut besucht

Bei der Ansprache der Interessenten liegen die Innovationen vor allem in der Unabhängigkeit von Ort und Zeit, in der Aktualität der gebotenen Information und in der Qualität der zielgruppenspezifischen Aufbereitung. Die Unabhängigkeit von Ort und Zeit wird mit der Hinterlegung der Inhalte auf einem ins Internet eingebundenen Server erreicht. Solange keine Betriebsprobleme auftreten kann mit der heute auch in Privathaushalten verfügbaren PC-Ausrüstung und der Anbindung an einen Internet Service Provider von jedem Ort aus und unabhängig von Geschäftszeiten auf die hinterlegten Inhalte zugegriffen werden. Da die Information lediglich in einer Datenbank hinterlegt und nicht materialisiert in Broschüren oder auf Datenträger wie CD-ROMs vorgehalten wird, muss sie von jedem Nutzer jedes mal neu abgerufen und ggf. von diesem selbst vor Ort gedruckt bzw. auf CD-ROM gebrannt werden. Deshalb werden Änderungen der Inhalte sofort für alle folgenden Informationsabrufe wirksam, ohne dass Altbestände an Informationsmaterial vernichtet und durch neu produzierte Ausgaben ersetzt werden müssen. Dies macht aktuelle Information nicht nur schnell sondern auch kostengünstig verfügbar. Für die zielgruppengerechte Aufbereitung der Information können verschiedene Medien miteinander kombiniert werden: Texte, Bilder, Videosequenzen oder Klänge. Auch kann der Aufbau des Informationsangebots so gestaltet werden, dass in Abhängigkeit vom Verhalten des Besuchers dynamisch Ausschnitte der Information zusammengestellt werden. Die Qualität der Information kann so auf ein Niveau angehoben werden, wie es mit konventionellen Formen der Informationsverteilung nur sehr eingeschränkt und mit sehr hohem Aufwand möglich war. Hinzu kommt, dass der Anbieter lediglich die Kosten für die multimediale Aufbereitung der zu verbreitenden Information und die Bereitstellung auf einem ins Internet eingebundenen Server trägt. Sobald die Information dort hinterlegt ist, erfolgt die Verbreitung auf Kosten des Interessenten, der seinerseits den Zugang zum Internet sicherstellen muss und die anfallenden Übertragungskosten trägt.

Beim Geschäftsabschluss liegen die Innovationen wieder in der Unabhängigkeit von Ort und Zeit und darüber hinaus in der Beschleunigung des Prozesses. Die zeitlich und räumlich kaum eingeschränkte Verfügbarkeit der Internetdienste erlaubt es, Geschäfte weitgehend unabhängig von Ort und Zeit abzuschließen. Verglichen mit den Möglichkeiten des traditionellen Versandhandels, der auch schon rund um die Uhr und bequem von zu Hause aus Geschäftsabschlüsse ermöglicht hat, ist die Abwicklung jedoch beschleunigt. Zum Einen kann die Internetpräsenz so interaktiv gestaltet werden, dass der Geschäftsabschluss auch ohne die Anwesenheit von beratendem Personal beim Anbieter ermöglicht wird, z.B. wenn eine komfortable Benutzerführung und eine adäquate Online-Hilfe verfügbar sind. Zum Zweiten kann der Geschäftsabschluss insofern zum Abschluss gebracht werden, als die Auftragsbestätigung zu einem ausführbaren Auftrag dem Kunden z.B. umgehend per e-mail zugeht. Zum Dritten kann ohne Medienbruch die Verarbeitung des eingehenden Auftrags automatisiert in die Wege geleitet werden, z.B. durch Einstellen des Auftrags in ein Dispositionssystem für die Abwicklung der Kundenaufträge.

e-Commerce-bedingte Innovationsmöglichkeiten beim Produkt oder dem Erbringen der Dienstleistung liegen in der schnellen Lieferung bzw. ggf. in der Individualisierung der Leistung. Bei Produkten ist dabei die Digitalisierbarkeit der Ware wichtig, denn dann kann sie, z.B. ein Musikstück, schnell zum Kunden übertragen und erst dort auf CD gebrannt werden. Da der Produktionsprozess erst nach der Bestellung erfolgt, ist zudem leicht eine individuelle Ausgestaltung des Produkts möglich, z.B. durch eine individuelle Zusammenstellung von Musikstücken. Jedoch ist auch bei körperlich zu versendenden Produkten ein besserer Service möglich, z.B. wenn Produktions- und Versandstatus vom Kunden jederzeit selbstständig abgefragt werden können und dieser sich so aktuell über den Bearbeitungsstand informieren kann. Dienstleistungen sind i.d.R. schon von sich aus auf den einzelnen Leistungsfall zugeschnitten. Sie können aber dann schneller erbracht werden, wenn Dienstleister und Kunde nicht mehr zusammentreffen müssen, z.B. wenn der Mitarbeiter eines Support-Centers nicht mehr zum Kunden fahren muss, sondern sich aus der Ferne auf dessen PC einloggen und dort vor den Augen des Kunden Probleme beheben kann.

Die Innovationsmöglichkeiten beim Bezahlen der Leistung liegen in der direkten Ergänzung der bereits in elektronischer Form vorliegenden Daten um diejenigen, die zusätzlich für die Zahlungsabwicklung erforderlich sind. Dies erlaubt es, den Zahlungsvorgang schneller und bequemer abzuwickeln als auf herkömmlichen Weg, bei dem z.B. papierene Überweisungsbelege zur Bank gebracht und die nötigen Daten dort (erneut) erfasst werden müssen. Durch die Vermeidung des Medienbruchs werden zudem Fehler bei der ansonsten nötigen Neuerfassung vermieden, die ihrerseits wiederum personal- und zeitaufwendige Klärungsarbeiten nach sich ziehen. Die Vermeidung von Medienbrüchen bringt darüber hinaus i.d.R. Kostenvorteile gegenüber der herkömmlichen Art der Geschäftsabwicklung.

Die Innovationen bei der Kundenpflege bestehen im kostengünstigen, schnellen Kontakt mit den vorhandenen Kunden und in der Möglichkeit, Kundenansprache und Angebot zu individualisieren. Der Kontakt kann z.B. auf der Basis von e-mails schnell und kostengünstig erfolgen. Die Individualisierung der Kundenansprache beruht dagegen auf der Auswertung der vom Kunden bislang abgerufenen Angebote bzw. der erfolgten Geschäftsabschlüsse. Individuelle Angebote waren nämlich bislang aus Kostengründen ausschließlich im Geschäftsverkehr zwischen Unternehmen bzw. für Premiumkunden mit großem Umsatz- bzw. Gewinnpotential realisierbar. Mit IT-Unterstützung ist dies jedoch für breite Kundenkreise zu vertretbaren Kosten darstellbar.

5.1.3 Innovationstreiber

Zwei Technikfelder haben sich, wie bereits angesprochen, als wesentliche Innovationstreiber für den e-Commerce erwiesen, Internet und Multimedia. Das Internet konzentriert sich dabei vorwiegend auf die Überwindung von Raum und Zeit zwischen den potentiellen Partnern, die sich um Geschäfte zu machen nicht mehr zur selben Zeit am selben Ort einfinden müssen. Multimedia steht dagegen für eine Aufbereitung der zu vermittelnden Information, die es wahrscheinlicher macht, dass die (Verkaufs-)Botschaft beim Interessenten nicht nur ankommt, sondern auch aufgenommen wird. Nachfolgend befassen wir uns mit beiden Technologietreibern ausschließlich unter dem Nutzenaspekt im e-Commerce; mehr grundsätzliche Details zu beiden Technologien finden sich jedoch im Kapitel „Telekommunikation“.

5.1.3.1 Internet

Für die Abwicklung von Geschäftsprozessen des e-Commerce ist eine Infrastruktur erforderlich, mit der die räumlichen und zeitlichen Distanzen zwischen den Geschäftspartnern kostengünstig, zuverlässig und sicher überwunden werden können. Sie schließt Hard- und Softwarekomponenten ein und besteht, grob gegliedert, aus Kommunikationsnetzen, Basiskommunikationsdiensten, Mehrwertdiensten und ggf. fachspezifischen Anwendungskomponenten. Dabei ergibt sich in der aufgeführten Reihenfolge eine zunehmende Nähe zum fachlichen Inhalt.

Kommunikationsnetze können unternehmensintern (Intranet), für einen beschränkten Nutzerkreis (Extranet) oder allgemein verfügbar sein (Internet). Sie integrieren mit Kupfer oder Glasfaser verkabelte Streckenabschnitte, Richtfunkstrecken und Satellitenverbindungen. Sie können als Standleitung permanent verfügbar sein oder als Wählleitung bei Bedarf zugeschaltet werden. Ihre Ausstattung richtet sich nach der erforderlichen Übertragungskapazität, der gewünschten Übertragungsqualität, den Verfügbarkeitserfordernissen, den Sicherheitsanforderungen und den für den Geschäftszweck tragbaren Kosten.

Basiskommunikationsdienste dienen z.B. dem e-mail-Verkehr, dem Dateitransfer (FTP) oder Webauftritten (World Wide Web), wobei Browser die Ausführung mehrerer Dienste unter einer Benutzeroberfläche erlauben. Die Basiskommunikationsdienste sind vorwiegend ausgerichtet auf die Erbringung der Primärleistung bei der Informationsübertragung, anwendungsnahe Leistungsbeiträge, z.B. zur Übertragungssicherheit werden von ihnen i.d.R. nicht erbracht.

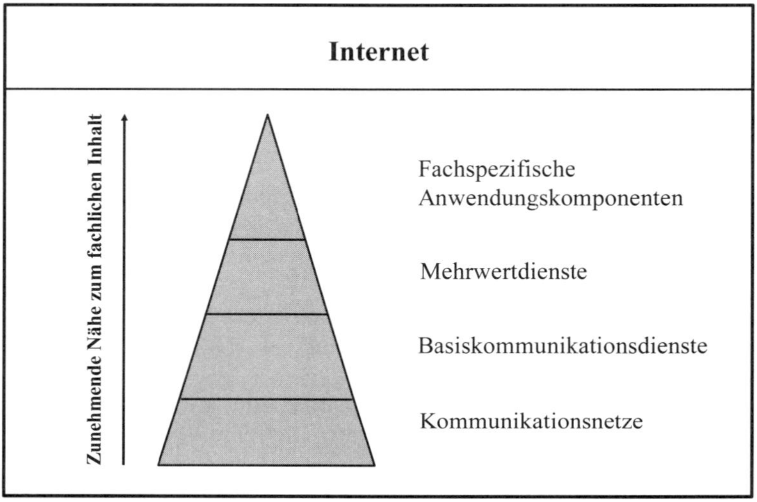

Abb. 5-3: Internet

Anders ist dies bei Mehrwertdiensten. Diese sind geradezu auf die Befriedigung solcher Zusatzanforderung hin konzipiert, die nicht bei allen Internetanwendungen gleich wichtig sind, aber bei bestimmten Anwendungen eben überragende Bedeutung haben. Sie bieten Lösungen zu Zugriffskontrolle, Virenschutz oder Verschlüsselung. Sie bieten Lösungen zu sicheren Abwicklung von Zahlungen, z.B. auf Geldkartenbasis oder als netzbasiertes virtuelles Zahlungsmittel.

Zusätzliche Funktionalität und Komfort bringen integrierte Fachanwendungen, z.B. für die Berechnung der voraussichtlichen Prämienhöhe bei einem Versicherungsangebot. Sie sind in Abhängigkeit von den Inhalten so zu integrieren, dass sie mit Hilfe von Browsern auf Webseiten zur Ausführung gebracht werden können.

5.1.3.2 Multimedia

Multimedia zielt auf die Darstellung einer Information, die es so aufzubereiten gilt, dass sie beim Adressaten nicht nur ankommt, sondern auch aufgenommen wird. Optimal ist es, wenn wir zusätzlich einen Rückkanal anbieten können, und so von einer einseitig gerichteten Information zu wechselseitiger Kommunikation gelangen.

Vier Eigenschaften haben wir im Kapitel „Telekommunikation" als typisch für Multimedia erkannt:

- die Integration unterschiedlicher Medientypen
- die Überbrückung zeitlicher bzw. örtlicher Distanzen
- die Digitalisierung
- die Interaktion mit computerbasierten Anwendungen

Die Integration verschiedener Medientypen wie Texte und Daten, Graphiken und Bilder, Sprache und Melodien, Videoclips und Filme trägt der Tatsache Rechnung, dass wir Botschaften, die uns über verschiedene Sinnesorgane erreichen, besser aufnehmen. Dabei muss nicht permanent „auf allen Kanälen gesendet" werden, vielmehr gibt es auch Integrationstechniken, die es dem Benutzer erlauben, selbst zu bestimmen, welche Medien wann hinzukommen. Beispiel hierfür ist die Verweistechnik über Links, bei der die Benutzer selbst entscheiden, ob und wann ein Bild, ein Tondokument oder eine Videoaufnahme aufgerufen wird.

Die Überwindung räumlicher Distanzen ist der originäre Zweck unserer Telekommunikationsnetze. Die Überwindung zeitlicher Distanzen hingegen erfordert zusätzliche Komponenten zur Zwischenspeicherung von Information wie Mailboxen oder Datenbanken, aus denen die hinterlegte Information zu beliebiger Zeit abgerufen werden kann. Zum Teil kann die Abgabe auch für einen konkreten Zeitpunkt vorausgeplant werden, z.B. wenn Datenübertragungsvorgänge im Sinn einer Zeitschaltuhr gezielt zu kostengünstigen Nachtzeiten angestoßen werden.

Digitalisierung ist die Voraussetzung dafür, dass die erforderlichen Datenmengen, wie sie insbesondere bei Tondokumenten und Videosequenzen anfallen, schnell genug und ohne für den Konsumenten merkbare Qualitätsverluste übertragen werden können. Dies lässt sich zum einen durch eine Steigerung der Übertragungsrate erreichen, denn digitale Übertragungsvorgänge sind weniger störungsanfällig als analoge.

Zum anderen lässt sich bei digitaler Aufbereitung die Menge der zu übertragenden Information leichter reduzieren, ohne dass dies, für das menschliche Ohr oder das Auge merkbare, Qualitätsverluste nach sich zieht.

Die Interaktion mit computerbasierten Anwendungen bringt zusätzliche Funktionalität in Multimedia-Anwendungen, wobei sowohl bei der Eingabe als auch der Ausgabe von Informationen optische, akustische oder sensorische Medien benützt werden können. Für die Eingabe kommen z.B. Kameras, Mikrophone oder Tastaturen in Frage, bei der Ausgabe Bildschirme, Lautsprecher oder Drucker.

5.2 Webauftritt

Bevorzugtes Mittel für die Ansprache von Interessenten im Rahmen des e-Commerce ist eine Homepage im World Wide Web (WWW), was aber andere Wege wie beispielsweise e-mails an einen registrierten Personenkreis nicht ausschließt. Wir konzentrieren wir uns jedoch beim Thema „Ansprache der Interessenten“ auf Webauftritte und betrachten diese darüber hinaus vorwiegend aus der Sicht einer Fachabteilung in einem Unternehmen. Unsere Sicht ist deshalb stark am Geschäftszweck orientiert, wobei Zielgruppe und Verwendungsabsicht Ausgangspunkt unserer Überlegungen sind. Technische Details beziehen wir lediglich so weit mit ein, als sie zum Erkennen der Möglichkeiten sowie die Beurteilung von Chancen, Risiken und der Kosten des Webauftritts unabdingbar sind.

5.2.1 Verwendungsabsicht

Es macht wenig Sinn, sich an der Vielfalt der technischen Möglichkeiten und der Angebote zu berauschen, wenn nicht klar ist, wozu der Auftritt des Unternehmens im Internet gut sein soll. Wenden wir uns an Kunden um unsere Leistungen zu verkaufen, an Lieferanten um unsere Beschaffung zu optimieren oder an die interessierte Öffentlichkeit um für unsere Ansichten zu werben. In allen drei Fällen möchten wir das Internet zumindest als Kommunikations- und Informationsmedium verwenden, in Abhängigkeit von unseren Intentionen werden wir es aber auch als Distributionskanal oder als Beschaffungsplattform einsetzen wollen.

Geht es allein darum zu informieren, so müssen sich die Besucher unserer Internetseiten nicht identifizieren und wir brauchen uns keine Gedanken darüber zu machen, wie wir die Rechtmäßigkeit eines Geschäfts belegen. Die Anforderung an den Schutz zu übertragender Informationen werden vergleichsweise gering sein, diejenigen zum Schutz unserer internen Netze und unserer eigener Rechner vor Attacken wenig wohlmeinender Besucher jedoch höher. Wollen wir mit den Nutzern unseres Informationsangebots jedoch in Kontakt treten, so muss sich dieser identifizieren und uns seine Kontaktdaten, z.B. eine e-mail-Adresse hinterlassen. Nur so können wir auf seine individuellen Informationsbedürfnisse eingehen und ihm antworten. Freilich muss er uns seine wahre Identität nicht offenbaren, er könnte unter Verwendung eines Pseudonyms mit uns kommunizieren. Dies ändert sich aber spätestens dann, wenn wir unsere Informationen oder einen Teil derselben nur an besondere Besucher abgeben wollen, z.B. unsere eigenen Mitarbeiter. Entscheiden wir uns dagegen für eine Nutzung des Internets als Beschaffungsplattform, so könnten wir den Zugang lediglich einer eingeschränkten Benutzergruppe, z.B. unseren eingeführten Lieferanten, gestatten. Das Sicherheitsrisiko, das beim Abschluss von Geschäften deutlich höher ist als bei reiner Information von Interessenten, ließe sich weiter verkleinern, in dem wir den Zugang nur von bestimmten Rechnern (genauer ihren IP-Adressen) aus zulassen. Zusätzlich könnten wir unseren Geschäftspartnern eine, durch ein Passwort geschützte, Nutzerkennung zuweisen, deren Eingabe für den Zugang zu den entsprechenden Bereichen unseres Webauftritts erforderlich ist. Sollten wir uns aber an den Endverbraucher wenden und das Internet als Distributionskanal verwenden wollen, dann wäre eine Zugangsbeschränkung auf bestimmte Rechner wenig praktikabel. Wir werden uns also bei Geschäftsabschlüssen einer Nutzerkennung mit Passwort bedienen und je nach Einschätzung des Risikos bei den zu tätigenden Transaktionen uns evtl. pro Geschäftsvorfall zusätzlich mittels nur einmal verwendbarer TAN-Nummern schützen, so wie dies z.B. Direktbanken tun.

In den bisherigen Überlegungen haben wir lediglich Sicherheitsaspekte gestreift, es ist jedoch auch eine mehr zu den Inhalten führende Diskussion zu führen. Wir beginnen dabei wieder mit der Rolle des Internetauftritts als Informations- und Kommunikationsmedium und betrachten dann diejenigen Aspekte, die mit der Rolle als Distributionskanal bzw. Beschaffungsplattform hinzukommen. Soweit wir verschiedene Zielgruppen zugleich ansprechen wollen, müssen wir unseren Internetauftritt nämlich so variabel gestalten, dass die Besucher unserer Seiten schnell zu den für sie interessanten Informationen gelangen. Zudem wäre zu überlegen, wie intensiv wir mit unseren Interessenten in Kontakt kommen wollen. Sicher werden wir uns mit der reinen gerichteten Abgabe unserer (Werbe-) Botschaft kaum zufrieden geben, vielmehr werden wir dem Interessenten eine Rückmeldemöglichkeit, z.B. per e-mail anbieten. Nur so können wir mit der Zielgruppe in direkten Austausch über unsere Angebote kommen und diese ggf. an bislang wenig berücksichtigte Bedürfnisse anpassen. Noch weiter müssten wir gehen, wenn wir am Aufbau einer Besucherdatenbank interessiert sind, denn in diesem Fall muss sich der Besucher seine Identität offenbaren. Dies wird er aber nur dann tun, wenn wir ihm einen adäquaten Nutzen anbieten, z.B. zusätzliche und spezielle Informationen per e-mail oder Erleichterungen beim erneuten Besuch unserer Homepage, z.B. weil bestimmte Nutzerdaten nicht erneut eingegeben werden müssen. Noch steigern ließe sich dies durch die Anlage von Kundenprofilen, in denen Interessen und Gewohnheiten der Besucher hinterlegt werden, wofür sie sich bislang interessiert und was sie bislang bei uns gekauft haben. Diese Profile würden uns dann in die Lage versetzten, schon beim Aufruf unserer Homepage auf die besonderen Interessen einzugehen und den Besuchern z.B. auf sie zugeschnittene Informationsangebote zu machen.

5.2.2 Contentmanagement

Auch die inhaltliche Gestaltung eines Web-Auftritts hängt verständlicherweise direkt von Geschäftszweck, Marketing- und Vertriebskonzept des eigenen Unternehmens sowie der Verwendungsabsicht ab. Selten wird man dabei jedoch alle Wünsche aus Marketing und Vertrieb auf Anhieb verwirklichen können, vielmehr gilt es i.d.R. Prioritäten zu setzen. Es wird Komponenten geben, die als unverzichtbar gelten, während andere eher als eine nette Ergänzung des Web-Auftritts angesehen werden. Manche Komponenten wird man sofort benötigen, während man auf andere glaubt, eine Weile warten zu können.

Wie einzelne Komponenten eingestuft werden, das lässt sich nicht pauschal vorgeben, vielmehr muss darüber in Abhängigkeit von der Unternehmensphilosophie individuell entschieden werden. Bei einem Versicherungsunternehmen könnte dies z.B. zu folgender Strukturierung führen:

Unverzichtbare Komponenten:

- Übersicht zu den Versicherungsangeboten des Hauses

- Verzeichnis der Agenturen mit Adresse und Telefonnummer
- Möglichkeit Informationsmaterial online zu bestellen
- e-mail Kontaktmöglichkeit
- Möglichkeit des Online-Abschlusses für bestimmte Versicherungsarten, z.B. einer Unfallversicherung
- Möglichkeit der Online-Schadenmeldung in ausgewählten Sparten
- Datenschutzhinweis

Ergänzende Komponenten:

- Informationen zu verbundenen Unternehmen, z.B. Banken
- Information zur Unternehmensgeschichte
- Tipps zur Unfallverhütung
- Stellenangebote
- Informationen zu geförderten Kultur- und Sportveranstaltungen
- Gewinnspiele

Die zeitlichen Prioritäten könnten darin bestehen, dass man sich in der Verwendungsabsicht zunächst auf Information und Kommunikation beschränkt und erst in einer weiteren Ausbaustufe das Internet als Distributionskanal zu nutzen beabsichtigt. Dann werden auch bei den als „unverzichtbar" eingestuften Komponenten diejenigen zum Online-Abschluss von Versicherungsverträgen erst später verwirklicht. Auch bei den ergänzenden Komponenten wird man sich zunächst vielleicht auf die Informationen zu den verbundenen Unternehmen beschränken und andere Komponenten erst später hinzufügen.

Vertriebs- und Marketingkonzepte bestimmen nicht nur die Auswahl der Komponenten und die zeitliche Priorität bei der Realisierung, sie haben auch Einfluss auf ihre Anordnung und Strukturierung. So könnte die Komponente „Versicherungsangebote" nach den gängigen Sparten, z.B. „Personenversicherungen" und „Sachversicherungen" oder direkt nach Produkten gegliedert werden. Da die Besucher auf unseren Webseiten sich so aber vielleicht wenig angesprochen fühlen, ist es evtl. erfolgversprechender den Webauftritt nach vertrieblichen Zielgruppen zu strukturieren.

Contentmanagement

Muss-Komponenten

- Agenturverzeichnis mit Lageplan und Kontaktdaten
- Übersicht zu den Versicherungsangeboten
- Online-Bestellung von Informationsmaterial
- Möglichkeit des Online- Abschlusses
- Möglichkeit der Online- Schadenmeldung
- Datenschutzhinweis

Kann-Komponenten

- Weiterführende Unternehmensinformation
- Angebotsnahe Tipps, z.B. zur Unfallverhütung
- Stellenangebote
- Informationen zu Sponsoring-Aktivitäten

ÜBER UNS
JOB-BÖRSE
KONTAKT
IHR BETREUER

PRODUKTE FÜR ...
... Personen
... Wohnen & Haus
... Baufinanzierung
... Fahrzeuge
... Firmen
LÖSUNGEN
KOMMUNALFORUM

RUND UM ...
SPECIALS
DATENSCHUTZ

Abb. 5-4: Contentmanagement

In Abbildung 5-4 ist dies im Abschnitt „Produkte für ...“ realisiert. Deutlich werden Wohnungsinhaber und Hausbesitzer (...Wohnen & Haus), aber auch schon werdende Eigentümer von Wohneigentum (... Baufinanzierung) extra angesprochen. Kraftfahrzeughalter (... Fahrzeuge) und Firmen sind offensichtlich weitere Zielgruppen, die interessenspezifisch informiert werden sollen. Die eigentlichen Produkte des Unternehmens werden erst nach Anklicken der entsprechenden Verzweigungen sichtbar, z.B. bei „Fahrzeuge“ Haftpflicht, Kasko, Unfall, Rechtsschutz und Schutzbriefleistungen. Durch weitere Verzweigung erfährt man dann mehr über die einzelnen Produkte, z.B. zum Rechtsschutz.

5.2.3 Benutzeroberfläche

Die Ausgestaltung der Navigationswege zwischen den einzelnen Komponenten bei unserem Webauftritt bringt uns von den inhaltlichen Entscheidungen zu den Überlegungen bezüglich der Darstellung der Inhalte. Auch diese hängen nämlich ab vom Marketing- und Vertriebskonzept, denn der Webauftritt ist auch unter diesem Aspekt nicht losgelöst von unserem Auftritt auf anderen Vertriebskanälen. Wenn wir denselben Kunden und Interessenten auch auf anderen Wegen begegnen, dann sollen sie unser Unternehmen zweifelsfrei wiedererkennen. Wir werden also dieselben Logos verwenden und dieselbe Firmenfarbe, dieselben Schriftarten und dieselben Bilder benützen. Unsere Formulare werden gleichartig aufgebaut sein und vor allem werden wir dasselbe Lebensgefühl zu vermitteln suchen wie in unseren gedruckten Broschüren.

Benutzeroberfläche

Corporate Identity
- Schriftarten, Firmenfarben, Logos
- an Zielgruppe angepaßtes Ambiente (Grad an Seriosität, Wiedergabe des Lebensstils, ...)

Interaktion
- Navigation zwischen den Seiten
- e-mail-Kontakte
- Interessentenprofile

Technische Streuweite
- Eingehen auf die Technologie der Nutzer, z.B. Browser-Versionen, Zugänge mit Modem
- Verzweigung zu Anbietern nötiger Technik, z.B. zur Installation des „Acrobat-Reader“

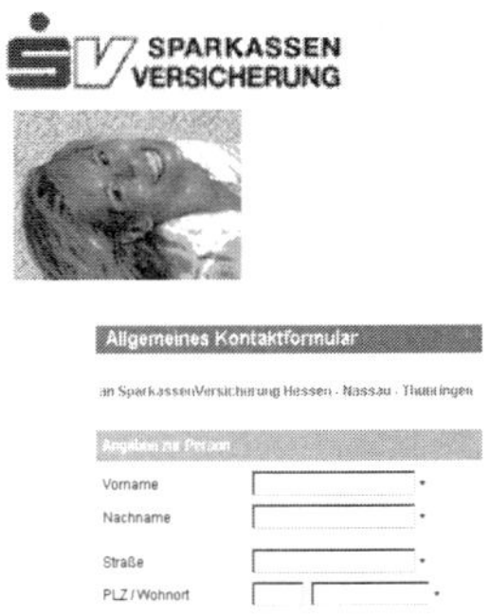

Abb. 5-5: Benutzeroberfläche

Neu dagegen sind die technischen Möglichkeiten, die uns zur Verfügung stehen, insbesondere wenn es um die Interaktion mit dem Besucher geht, z.B. die Navigation zwischen unseren Seiten, der gezielte Sprung zu anderen Inhalten (links), e-mail-Kontakte oder Kontaktformular zur Abfrage von Interessenprofilen.

Darüber hinaus werden wir die normalerweise vorhanden technische Ausrüstung unserer Besucher im Auge behalten müssen. Es macht wenig Sinn Interessenten, die mit einem Modem ins Internet gehen, allzu viele Animationen anzubieten, denn die vergleichsweise geringe Übertragungsleistung verdirbt hier den Spaß. Wenn ergänzende Software wie der Acrobat Reader[1] erforderlich ist, dann kann man dem Interessenten über einen Link zum Anbieter weiterhelfen. Das macht insbesondere dann Sinn, wenn die Software direkt auf den Privatrechner herunter geladen werden kann und kostenfrei abgeben wird.

5.2.4 Systembetreuung

Neben den Überlegungen zu den inhaltlichen Komponenten und ihrer Darstellung bei unserem Webauftritt ist es erforderlich, sich darüber klar zu werden, wie wir unseren Webauftritt bekannt machen, ihn technisch verfügbar halten und ihn weiterentwickeln.

Da unser Webauftritt eingebettet ist in unsere gesamte Geschäftstätigkeit und wir i.d.R. auch noch andere Vertriebskanäle nutzen, werden wir zunächst auf unseren Briefbögen, in unseren Anzeigen und allen Unterlagen für Kunden auf unseren Webauftritt hinweisen. So erreichen wir, dass unsere Bestandskunden unseren Webauftritt zusätzlich zu den gewohnten Kontaktwegen nutzen können und wir auf sich veränderndes Informations-, Kontakt- und Bestellverhalten bei diesen angemessen reagieren können. Nun wollen wir mit unserem Webauftritt aber auch Interessenten erreichen, die auf konventionellen Vertriebswegen nicht oder nicht mehr ansprechbar sind. Hier ist es erforderlich, sich der technischen Möglichkeiten des Internet zu bedienen, z.B. durch Registrierung bei Suchmaschinen oder durch Bannerschaltungen auf anderen Webseiten. Die Registrierung bei Suchmaschinen erfolgt unter Angabe erfolgversprechender Schlagworte zu unseren Produkten und Dienstleistungen (z.B. Lebensversicherung, private Rente), zu Themen unserer Branche (z.B. Altersvorsorge, Sicherheit, Zukunftsplanung) und unserem Unternehmen (z.B. Name, Ort). Dies führt dazu dass Interessenten, die mit Hilfe dieser Suchmaschinen Webauftritte mit diesen Schlagworten suchen, auch auf unseren Webauftritt hingewiesen werden und dieser so überhaupt erst wahrgenommen wird. Freilich wird der Hinweis

---

1 Acrobat Reader ist eine Handelsmarke von Adobe Systems Inc.

auf unsere Webseiten zusammen mit anderen registrierten Webauftritten ausgewiesen. Wenn wir also besonders auf uns aufmerksam machen wollen, könnte dies durch eine Bannerschaltung auf viel besuchten anderen Webseiten geschehen, vielleicht bei einer Suchmaschine selbst. Bannerschaltungen wirken so wie eine elektronische Anzeige, die speziell auf unser Unternehmen hinweist. Wir wollen das Thema „Werbung“ für den eigenen Webauftritt hier jedoch nicht weiter vertiefen, es war uns aber ein Anliegen, dafür zu sensibilisieren, dass es mit der Realisierung des Webauftritts allein nicht getan ist.

Alle Anstrengungen, Aufmerksamkeit für unseren Webauftritt zu gewinnen, sind jedoch vergebens, wenn unsere Webseiten nicht jederzeit und vollumfänglich besucht werden können. Die Server, auf denen unsere Webseiten hinterlegt sind, und die Leitungsverbindungen dorthin müssen also ständig verfügbar sein. Dies klingt banal, erfordert aber Überwachung, Datensicherung und weitere Wartungsaktivitäten. Bei Störungen ist in einer angemessen Zeit zu reagieren, denn der Interessent im Web wird nicht auf uns warten sondern einfach zu anderen Webauftritten weiter surfen. Natürlich interessiert es uns auch brennend, wie unser Webauftritt denn nun beim Publikum ankommt. Wie viele Zugriffe erfolgen im Lauf der Woche, zu welchen Zeiten, welche Inhalte finden besonderes Interesse beim Besucher? Vielleicht erledigen wir diese Aufgaben alle in Eigenregie, fehlt uns aber das geeignete Personal, dann nützen wir besser die Dienste eines Internet Service Provider .

Die Auswertungen zu den Zugriffen auf unsere Webseiten und die Messung des mit unserem Webauftritt erzielten Verkaufserfolgs führt uns zur Weiterentwicklung des Auftritts. Hier geht es um die inhaltliche Aktualisierung, die funktionale Weiterentwicklung und um ggf. erforderliche technische Umstellungen. Alle drei sind enger miteinander verbunden als es auf den ersten Blick scheinen mag, denn inhaltliche Veränderungen bedeuten nicht nur neue Texte und Bilder, neue Webseiten und Links zu andern Webauftritten. Sie können auch neue Verknüpfungen zwischen den einzelnen Seiten bedingen und neue Animationen, zusätzliche Medien wie Videoclips oder anderer Rückmeldemöglichkeiten für die Besucher. Sie können auch technische Umstellungen nach sich ziehen, z.B. wenn die Nutzung des Webauftritts deutlich intensiver ist als ursprünglich angenommen. Dann sind ggf. andere Rechner und andere Anbindungen ans Internet erforderlich, leistungsfähigere Softwarekomponenten oder ein anderer Service Level bei der Betreuung. Besonders umfangreich sind die inhaltlichen, funktionalen und technischen Neuerungen bei einer Veränderung von Zielgruppe oder Verwendungsabsicht. Häufig bewirkt dies eine Neugestaltung des gesamten Webauftritts und damit sind wir wieder beim Anfang dieses Abschnitts, denn auch ein Webauftritt lebt und seine Pflege und Weiterentwicklung ist eine immerwährende Aufgabe.

5.3 Leistungserbringung

Durch die Wahl des Internets für Kontaktaufnahme und Geschäftsabschluss liegt es nahe, bei der Abwicklung des Geschäfts einen Medienbruch zu vermeiden und die Leistung auf demselben Wege zu erbringen. Dies ist jedoch nur bei bestimmten Gütern und bei ausgewählten Dienstleistungen möglich, denn es darf weder ein persönliches Zusammentreffen mit dem Kunden noch der materielle Transport einer Ware zwingend erforderlich sein. Nur dann wäre die sog. „Online Distribution" möglich, in allen anderen Fällen oder wenn andere Gründe gegen diese Form der Leistungserbringung sprechen, wird man den Kunden auf konventionellem Wege zufrieden stellen, man spricht von „Offline Distribution". Die Entscheidung für die eine oder andere Form der Distribution hängt davon ab, welchen Nutzen der Kunde dabei gewinnen kann und ob er auch bereit ist, diesen Nutzen zu honorieren oder ob bei der Leistungserbringung Kosten reduziert werden können.

5.3.1 Online Distribution

Im Fall der Online Distribution von Gütern müssen diese dafür geeignet sein, in immaterieller Form zum Abnehmer gebracht und erst dort materialisiert zu werden. Dies ist z.B. der Fall, wenn ein Musikstück über das Internet übertragen und vor Ort vom Abnehmer selbst auf CD gebrannt wird. Bei Dienstleistungen muss auf die persönliche Anwesenheit des Dienstleisters beim Kunden verzichtet werden können. Dies ginge z.B. beim Erstellen eines individuellen Beratungsbriefes zum Versicherungsbedarf eines Kunden, aber nicht dann, wenn ein Arzt zu Spritze oder Skalpell greifen muss.

Voraussetzung für die Online Distribution von Gütern ist also die Digitalisierbarkeit der Ware, denn nur dann kann diese über das Internet transportiert werden. Dies wäre z.B. per Dateitransfer (FTP-Dienst des Internet) oder durch Versenden einer e-mail mit Dateianhang möglich. Es liegt auf der Hand, dass die dabei zu übertragende Datenmenge nur so groß sein darf, dass sie mit der vorhandenen Infrastruktur in angemessener Zeit übertragen werden kann. Diese ist jedoch abhängig von der verfügbaren Übertragungskapazität, d.h. letztendlich von der Leitungsanbindung des Kunden, auch wenn das Problem durch den Einsatz leistungsfähiger Komprimierungsverfahren teilweise entschärft werden kann. Zusätzlich benötigt der Käufer ein Ausgabegerät, mit dem er die Ware materialisieren kann, z.B. eine Soundkarte um das Musikstück anzuhören oder einen CD-Brenner um das Stück auf CD-ROM zu konservieren. Bei Beratungsdienstleistungen könnte z.B. ein individuell aufbereiteter Beratungsbrief zum persönlichen Versicherungsbedarf auf elektronischem Wege übertragen werden.

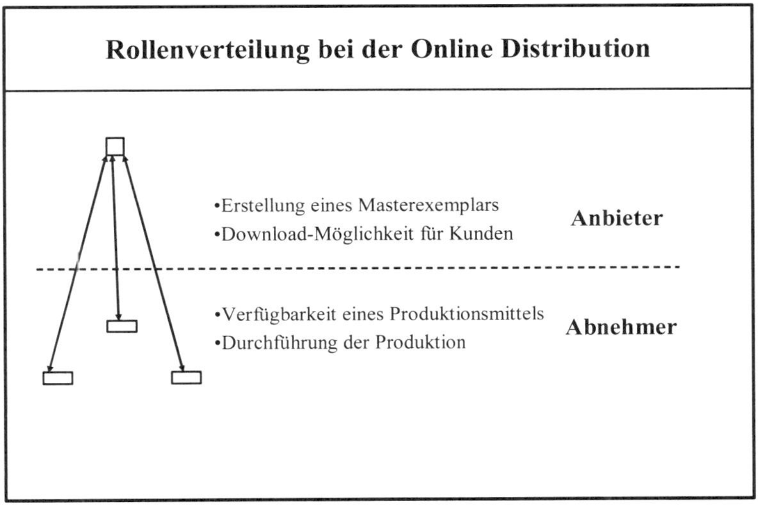

Abb. 5-6: Rollenverteilung bei der Online Distribution

Sowohl bei der Übertragung als auch der anschließenden Aufbereitung des Produkts wird deutlich, dass bei der Online Distribution der Anbieter wesentliche Teile des Produktionsprozesses auf den Abnehmer überträgt. Dies hat Vor- und Nachteile für beide Seiten. So trägt der Anbieter lediglich die Produktionskosten für das Beispielmuster des Produkts und die Bereitstellungskosten für die erforderliche IT-Infrastruktur. Der Abnehmer jedoch muss sein Produktexemplar selbst erstellen, trägt die Gebühren für die Datenübertragung, die Kosten für das Rohmaterial (z.B. den CD-Rohling) und hat Zeitaufwände für die Produktion. Allerdings bekommt er sein Produkt sehr schnell geliefert und vielleicht partizipiert er an den gesunkenen Kosten des Anbieters in der Form eines attraktiveren Preises. Mit dem Übertrag der Verantwortung für die Produktion verliert der Anbieter aber auch in nicht unwesentlichen Teilen die Kontrolle über die Qualität des Endprodukts beim Kunden. Er hat kaum Einfluss auf die Produktionsmittel, z.B. die Leistungsfähigkeit der Ausgabemedien oder die Qualität des Rohmaterials, wird aber vom Kunden für Mängel und Schwierigkeiten beim Produktionsprozess verantwortlich gemacht.

5.3.2 Offline Distribution

Beim Versand von Waren entspricht die sog. Offline Distribution der aus dem konventionellen Versandhandel bekannten Auslieferung der Güter an den Kunden, d.h. die Ware wird beim Produzenten fertig hergestellt und durch körperlichen Transport an den Kunden ausgeliefert. Der gesamte Produktionsprozess und der Versand bleiben im Verantwortungsbereich von Hersteller und ggf. Händler. Dienstleistungen werden erbracht wie in konventionellen Geschäftsbeziehungen auch, entweder direkt am Kunden wie z.B. bei medizinischen Behandlungen (ggf. nach elektronischer Terminvereinbarung) oder durch materielles Übersenden eines Datenträgers mit individuell aufbereiteter Informationen, wie z.B. der auf die persönliche Situation abgestimmte Beratungsbrief zum Versicherungsbedarf des Kunden, in Papierform bzw. auf Diskette oder CD-ROM.

Vor- und Nachteile der Offline Distribution sind weitgehend spiegelbildlich zu denjenigen der Online Distribution. Mit dem Produktionsprozess behält der Anbieter die Kontrolle über die Produktqualität, dafür fallen die Produktionskosten voll bei ihm an. Die Verteilung der Ware wird schwieriger und teuerer, damit erhöht sich der Preis und die Lieferung dauert allemal länger. Der Abnehmer selber dagegen hat geringere Zeitaufwände und keine Zusatzkosten für Produktionsmittel und Verbrauchsmaterial. Die Entscheidung für Online- oder Offline Distribution ist somit, sofern sich auf Grund von Produkt bzw. Dienstleistung die Frage überhaupt stellt, nicht immer leicht. Sie hängt ab vom Produkt selbst, der Zielgruppe und den Gepflogenheiten am Markt. Manchmal kann es auch sinnvoll sein, beides anzubieten und die Distributionsform zur Preisdifferenzierung zu verwenden, z.B. in dem die Beschaffung oder Aktualisierung einer Software beim Herunterladen per Internet billiger ist als wenn sich der Kunde eine CD per Post nach Hause schicken lässt.

5.3.3 Schutz von Eigentumsrechten

Digitalisierbare Produkte können, gleich ob sie online oder offline verteilt werden, beim Abnehmer relativ leicht vervielfältigt werden, ohne dass eine Autorisierung durch den Anbieter vorläge. Die Anbieter versuchen sich dagegen auf vielfältige Weise zu wehren, z.B. durch

- die Vergabe von Seriennummern, was bei Kopien die Identifizierung des ursprünglichen Käufers erleichtert
- zusätzliche Autorisierungscodes für die Nutzung, die auf anderen Wegen, z.B. per e-mail oder auf dem Lieferschein zum Abnehmer kommen
- die zwingende Online-Registrierung beim Anbieter bei jeder Neuinstallation
- die Erzeugung eines Autorisierungscodes auf der Basis eines individuellen Codes, der erst bei der Installation von Software erzeugt wird

Alle diese Maßnahmen erschweren es dem Nichtberechtigten das Produkt zu nutzen, sie haben jedoch insofern auch unerwünschte Nebenwirkungen als Störungen bei der Autorisierung den legalen Nutzer verärgern und die Kosten von Anbieter und Abnehmer steigen. Zudem lassen Ängste vor der Ausspähung, z.B. durch Cookies, Interessenten bei der Online-Registrierung zögern.

5.4 Bezahlvorgang

Auch bei e-Commerce-Geschäften besteht die Gegenleistung des Abnehmers in der Zahlung. Wie beim Abschluss des Online-Geschäfts besteht die Herausforderung darin, beide Seiten, die ja nicht direkt zusammentreffen, vor Schaden zu bewahren, d.h. dem Anbieter und nur diesem das vereinbarte Entgelt und nur dieses zukommen zu lassen. Wie bei der Leistungserbringung besteht die Möglichkeit, dies „offline", d.h. außerhalb des Internets zu tun oder eben „online", d.h. unter Nutzung von Bezahlsystemen, die für das Internet geeignet sind. Beim „Offline-Bezahlen" wird Ware oder Dienstleistung auf altbekannten Wegen bezahlt, also per Überweisung, Bankeinzug, Vorauskasse oder Nachnahme. Immer dann wenn die Leistungserbringung selbst „offline" erfolgt, wird dies der gängige Weg sein. In diesem Fall wird lediglich der Geschäftsabschluss selbst mit Internet-Mitteln herbeigeführt, die weiteren Schritte des Prozesses erfolgen auf herkömmlichem Weg. Wird aber schon die Leistung „online" erbracht, dann ist auch „Online-Bezahlen" nahe liegend. So werden Medienbrüche vermieden, die den Gesamtablauf verzögern und kostenträchtiger machen würden.

5.4.1 Technologiekonzepte

Es gibt nicht wenige Möglichkeiten des Online-Bezahlens. Um hier Orientierung und Überblick zu gewinnen, bewährt sich ein systematisches Vorgehen. Wir folgen hier einem gängigen Gliederungsschema nach technologischen Konzepten:

- Kontobasierte Systeme
- Inhaberbasierte Systeme ohne Materialisierung
- Inhaberbasierte Systeme mit Materialisierung

Technologiekonzepte von Bezahlsystemen
Kontobasierte Systeme • Konto bei einem Geldinstitut erforderlich • Kunde ist identifiziert **Inhaberbasierte Systeme ohne Materialisierung** • Elektronische Münzen • elektronische Signatur garantiert Echtheit und Betrag • Kunde kann identifizierbar gemacht werden **Inhaberbasierte Systeme mit Materialisierung** • aufladbare Geldkarten • Lesegerät an den Verkaufstellen erforderlich • Kunde bleibt anonym

Abb. 5-7: Technologiekonzepte von Bezahlsystemen

Bei kontobasierten Bezahlsystemen ist, wie der Name schon andeutet, ein Konto bei einem Kreditinstitut erforderlich. Der Bezahlende ist also identifizierbar, jede Transaktion auf dem Konto erscheint auf dem Kontoauszug. Alle Möglichkeiten ein Konto auszugestalten können genutzt werden um auf der einen Seite zahlungsfähig, auf der anderen Seite aber möglichst vor Missbrauch geschützt zu sein. So kann das Konto mit einem mehr oder weniger hohen Kreditlimit geführt werden oder die pro Tag maximal verfügbare Summe begrenzt werden. Das Konto kann durch ein Passwort vor dem Zugriff Unbefugter geschützt werden. So lassen sich sowohl die Einsichtnahme z.B. des Kontenstands als auch das Auslösen von Transaktionen unterbinden. Jede einzelne Transaktion lässt sich darüber hinaus zusätzlich absichern, z.B. durch eine TAN-Nummer, die nur einmal für eine Transaktion verwendet werden kann und dann kein weiteres Mal. Natürlich müssen PIN-Nummern und der verfügbar gemachte Satz an TAN-Nummern vor Unbefugten verborgen bleiben und dem Berechtigten auf sicherem Wege übermittelt werden, z.B. „offline“ per Briefpost.

Bei inhaberbasierten Bezahlsystemen ohne Materialisierung wird mit „elektronischen Münzen“ bezahlt, die mit einem gesetzlichen Zahlungsmittel bei einer Ausgabestelle, z.B. einer Bank, erworben werden. Der Bezahlvorgang führt zur Übergabe der elektronischen Münzen an den Verkäufer, der sie bei der Ausgabestelle in gesetzliche Zahlungsmittel zurück tauschen kann. Das Verlust- und Missbrauchsrisiko ist wie beim Bargeld auf den entsprechenden Betrag begrenzt. Die Münzen bestehen im Grunde aus einem elektronischen Zeichen von der Wertigkeit einer elektronischen Signatur. Aus Sicherheitsgründen kann jedes elektronische Zeichen bei der Ausgabestelle registriert und für nur einen Bezahlvorgang zugelassen werden, wodurch dann auch die Identität des Bezahlenden feststellbar wird.

Bei inhaberbasierten Systemen mit Materialisierung wird der erworbene Gegenwert elektronischer Münzen auf einen Träger, z.B. eine Chipkarte übertragen. Diese verfügt über einen Mikrochip zur Speicherung des virtuellen Geldes. Bei jedem Bezahlvorgang wird der übertragene Betrag mittels eines „Lesegeräts“ reduziert, solange bis er aufgebraucht ist. Der Inhaber der Chipkarte muss und kann nicht identifiziert werden. Ein Beispiel hierfür sind die bekannten Telefonkarten. Zum Teil kann der Mikrochip vom Inhaber der Chipkarte wieder aufgeladen werden, vergleichbar dem Vorgehen bei sog. „Prepaid-Mobiltelefonen“.

5.4.2 Transaktionssicherheit

e-Commerce als Distributions- und Beschaffungskanal wird nur dann akzeptiert, wenn die Sicherheit für die Durchführung der geschäftlichen Transaktion aus Sicht von Abnehmer und Anbieter ausreichend gewährleistet ist. Besonders sensibilisiert sind beide Partner bzgl. des Bezahlungsvorgangs. Deshalb betrachten wir die einzelnen Aspekte der Transaktionssicherheit, die an sich für den gesamten Geschäftsprozess von Bedeutung sind, hier am Beispiel des Bezahlvorgangs, und zwar unter dem Blickwinkel von Authentizität, Vertraulichkeit, Integrität und Verbindlichkeit.

Transaktionssicherheit

Sicherheitsaspekte

- Authentizität (Partner ist als derjenige beglaubigt, für den er sich ausgibt)
- Vertraulichkeit (Nachricht nur vom Empfänger lesbar)
- Integrität (Inhalt der Nachricht ist nicht verändert)
- Verbindlichkeit (Transaktion ist nicht zu leugnen und nicht rückgängig zu machen)

=>
PIN-Nummern
Passwörter
TAN-Nummern
Virenschutz
Verschlüsselung
Digitale Signatur

Abb. 5-8: Transaktionssicherheit

Neben der technischen Zuverlässigkeit der Datenübertragung ist eine Beglaubigung der Geschäftspartner erforderlich. Da ja die Partner bei Geschäftsabschluss und Bezahlvorgang weder zusammentreffen müssen noch eine Unterschrift vorliegt, muss die Beglaubigung auf andere Weise erreicht werden. Hilfsmittel hierbei sind z.B. PIN-Nummern, Passwörter oder auch die elektronische Signatur.

Mit Vertraulichkeit ist das Verbergen der Transaktion und ihrer Inhaltsabsprachen vor unbefugten Dritten gemeint. Abnehmer befürchten beim Bezahlvorgang meist, ihre persönlichen Daten zu Konto oder Kreditkarte könnten in falsche Hände gelangen und ihnen ein hoher finanzieller Schaden entstehen. Gängige Methoden um Vertraulichkeit zu gewährleisten sind Verschlüsselungstechniken. Nur wer den zum Entschlüsseln erforderlichen Schlüssel kennt, kann die Information auswerten. Entscheidend für den Erfolg ist also die Geheimhaltung des entsprechenden Schlüssels.

Unter Integrität verstehen wir die Zuverlässigkeit der übermittelten Daten. Der Inhalt der übermittelten Daten darf nicht unbefugt verändert worden sein. Befürchtet wird hier ein Umlenken der Zahlung z.B. auf ein anderes Konto. Maßnahmen zum Virenschutz, Prüfziffernverfahren sowie Verschlüsselungstechniken helfen hier weiter.

Eng verknüpft mit dem Erfordernis von Authentizität und Integrität ist dasjenige von Verbindlichkeit. Jeder der Beteiligten will den rechtsgültigen Abschluss des Vertrages und der Abnehmer auch den Bezahlvorgang belegen können. Hier helfen die diskutierten Möglichkeiten des Online-Bezahlens mit ihren Sicherheitsmechanismen, u.a. der elektronischen Signatur.

5.4.3 Sicherheitsvorkehrungen

Dem ausgeprägten Bedürfnis nach Transaktionssicherheit wird in der Praxis mit einer Vielzahl von Vorkehrungen Rechnung getragen. Da jedoch keine einen umfassenden Schutz garantieren kann, wird i.d.R. auf einen Verbund von Maßnahmen gesetzt, die in ihrem Zusammenwirken das Sicherheitsniveau anheben. Zu jeder Neuerung auf dem Gebiet der Transaktionssicherheit finden sich allerdings nach kurzer Zeit Versuche, diese auszuhebeln, was seinerseits wieder Bemühungen um einen verbesserten Schutz auslöst. Ein andauernder Wettlauf zwischen Angriffen auf die Sicherheit und Bemühungen um verbesserten Schutz ist die Folge.

5.4.3.1 Berechtigungsprüfung

Von den gängigen Maßnahmen sind Zugangskennungen (PIN-Nummern) und Passwörter, z.T. auch TAN-Nummern wohl bekannt. In diesen Fällen wird der Zugang zu bestimmten Informationen (z.B. internen Mitteilungen für Mitarbeiter) oder bestimmten Transaktionen (z.B. zur Bestellung von Ware oder zur Bezahlung per Kreditkarte) an inhaberbezogenes Wissen gebunden. Wer dieses Wissen nicht hat, der soll ausgeschlossen bleiben. Natürlich gibt es vielfältige Möglichkeiten, sich dieses Wissen ohne Einwilligung der Berechtigten zu verschaffen und so den Zugang zu den gewünschten Informationen oder Funktionen doch zu erlangen. Die Gegenmaßnahmen zur Verbesserung des Schutzes bestehen dann beispielsweise darin, dass zusätzlich zum Wissen der Zugangskennung der Besitz einer Chipkarte verlangt wird oder dass der regelmäßige Wechsel von Passwörtern systemseitig erzwungen wird. Würden biometrische Merkmale wie ein Fingerabdruck oder das Bild der Iris mit einbezogen, so wäre die wahre Identität der den Zugang begehrenden Person noch in weit höherem Maße gesichert. Allerdings würden so auch, unter Persönlichkeitsschutzaspekten durchaus bedenkliche, Überwachungsmöglichkeiten entstehen, die für andere Zwecke als diejenigen des Transaktionsschutzes ausgenutzt werden könnten. Auch das Prinzip der TAN-Nummer ist im Grunde eine Weiterentwicklung der Zugangskennungen. Während Zugangskennungen und Passwörter nämlich immer wieder erneut verwendet werden können, ist dies bei TAN-Nummern nur ein einziges Mal möglich. Sie verlieren nach dem erstmaligen Gebrauch ihre Gültigkeit, so dass es nicht schadet, wenn sie beispielsweise auf dem Übertragungsweg in falsche Hände gelangen sollten.

5.4.3.2 Virenschutz

Die Geschichten über z.T. verheerenden Auswirkungen von Computerviren sind zahlreich, nicht wenige Internetnutzer haben auch persönliche Erfahrungen damit. Knapp formuliert sind Computerviren ausführbare Programm mit einer manchmal eher harmlosen oft aber manipulierenden oder zerstörerischen Funktion, die ergänzt wird durch die Fähigkeit sich zu vervielfältigen und so immer neue Computer zu befallen. Die direkte Gegenmaßnahme stellen sog. Virenschutzprogramme dar, die in der Lage sind, Viren zu erkennen, sie zu isolieren und die evtl. bereits befallenen Dateien nach Möglichkeit zu reparieren oder zu entfernen. Das Erkennen der einzelnen Viren erfolgt durch den Vergleich von spezifischen Merkmalen mit denjenigen, die in einer mitgelieferten Tabelle bekannter Viren enthalten sind. Da ständig neue Viren auftauchen, muss diese Tabelle immer wieder aktualisiert werden. Auch dies ist ein Beispiel dafür wie Schutzmaßnahmen sich verändernden Bedrohungen anpassen müssen.

5.4.3.3 Verschlüsselung

Um das Ausspähen zu übermittelnder Nachrichten auf dem Übertragungsweg zu verhindern und um die Identität des Absenders zu verifizieren, können Verschlüsselungstechniken verwendet werden. Hier muss man jedoch unterscheiden zwischen symmetrischer und asymmetrischer Verschlüsselung. Bei der symmetrischen Verschlüsselung wird zum Verschlüsseln und zum Entschlüsseln ein und derselbe Schlüssel verwendet, bei der asymmetrischen Verschlüsselung kommen zwei verschiedene, jedoch zu einander passende, Schlüssel zum Einsatz.

Bei der symmetrischen Verschlüsselungstechnik muss der verwendete Schlüssel auf sicherem Wege zwischen den Partnern ausgetauscht und ansonsten geheim gehalten werden. Nur dann ist sicher, dass Dritte die übermittelten Nachrichten nicht entziffern können und ihrerseits auch nicht Nachrichten damit verschlüsseln und sich so, z.B. zu Manipulationszwecken, als einer der beteiligten Partner ausgeben können. Wird der Schlüssel zwischen mehreren Partnern ausgetauscht, dann lässt sich der einzelne Absenders nicht mehr belegen, sondern lediglich seine Gruppenzugehörigkeit. Auch ist die Nachricht für alle Gruppenmitglieder entschlüsselbar und zudem wächst mit jedem zusätzlichen Teilnehmer die Gefahr, dass der Schlüssel in falsche Hände gerät.

Bei der asymmetrischen Verschlüsselungstechnik kommen, wie gesagt, zwei Schlüssel zum Einsatz. Einer verbleibt bei einem Kommunikationspartner und wird von diesem geheim gehalten, das Gegenstück dazu wird auf geeignetem Wege allgemein veröffentlicht und ist jedermann zugänglich. Wird nun eine Nachricht mit dem geheimen Schlüssel verschlüsselt, so kann sie nur von dem entsprechenden Kommunikationspartner stammen, wenn sie mit seinem veröffentlichten Schlüsselgegenstück entschlüsselt werden kann. Versendet dagegen irgendjemand eine mit dem öffentlichen Schlüssel verschlüsselte Nachricht, so kann nur der Kommunikationspartner mit dem geheimen Schlüssel die Nachricht entschlüsseln und vor ihrem Inhalt Kenntnis erlangen. Bei einer einfachen Verschlüsselung kann also entweder auf den Absender geschlossen oder die Nachricht vor Dritten geheim gehalten werden. Soll beides zugleich erreicht werden, dann muss jeder der beiden Kommunikationspartner ein Schlüsselpaar einbringen, einen geheimen und einen veröffentlichten. Der sendende Kommunikationspartner benützt dann seinen eigenen geheimen Schlüssel, um seine Absendereigenschaft zu belegen und den veröffentlichten Schlüssel des Empfängers um den Inhalt der Nachricht vor Dritten zu verbergen. Der Empfänger der Nachricht verwendet den veröffentlichten Schlüssel des Absenders um diesen zweifelsfrei zu erkennen und seinen eigenen geheimen Schlüssel um den Inhalt der Nachricht zu entschlüsseln. Der Vorteil der asymmetrischen Verschlüsselung besteht darin, dass der geheim zu haltende Schlüssel niemanden ausgehändigt und nicht übertragen werden muss. Missbräuche können so in hohem Maße ausgeschlossen werden, denn es ist kaum möglich aus dem veröffentlichten Gegenstück den geheimen Schlüssel zu bestimmen.

5.4.3.4 Elektronische Signatur

Die asymmetrische Verschlüsselung findet sich wieder bei der elektronischen Signatur. Auch hier wird ein Schlüsselpaar verwendet, die Ausgabe der Schlüssel erfolgt jedoch durch eine beglaubigende Stelle (Trust Center). Diese prüft zunächst die Identität des Kommunikationspartners, macht den öffentlichen Schlüssel z.B. auf ihrer Homepage allgemein zugänglich und garantiert, dass damit entschlüsselbare Nachrichten von demjenigen stammen, dessen Identität sie geprüft hat. Der geheime Schüssel aus dem Schlüsselpaar verbleibt beim geprüften Kommunikationspartner. Die Sicherheit des Verfahrens lässt sich zudem erhöhen durch die Hinterlegung des geheimen Schlüssels auf einer Chipkarte mit einem Mikroprozessor und der entsprechenden Signiersoftware. Zur Signierung einer Nachricht mit dem privaten Schlüssel ist also zusätzlich der Besitz der Chipkarte und ein geeignetes Kartenlesegerät erforderlich. Darüber hinaus kann die Verwendung der Chipkarte von der Eingabe einer persönlichen Identifikationsnummer abhängig gemacht werden. Wir haben hier also eine Kombination von mehreren der oben diskutierten Sicherheitsmaßnahmen vorliegen, die es erlauben den Absender einer Nachricht verlässlich zu beglaubigen.

Gleichwohl könnte die übermittelte Nachricht unvollständig sein. Doch dieser Gefahr kann mit einem Prüfziffernverfahren begegnet werden. Dabei wird zur vollständigen Nachricht eine Prüfsumme ermittelt, die bei jedem jeden anderen Aufbau der Nachricht, d.h. jeder Veränderung anders ausfallen würde. Aus dieser Prüfsumme wird dann mit dem geheimen Schlüssel des Absenders ein elektronisches Siegel erstellt und mit der Nachricht versendet. Der Empfänger der Nachricht ermittelt nun aus der Nachricht selbst die Prüfsumme, „erbricht" mit dem öffentlichen Schlüssel des Absenders das Siegel und vergleicht mit der vom Absender ermittelten Prüfsumme. Sind beide Prüfsummen gleich, so ist die Nachricht vollständig und unversehrt übermittelt worden und stammt vom beglaubigten Absender.

Damit ist die Nachricht aber noch nicht geheim, aber dies lässt sich, wie weiter oben dargestellt, mit dem zusätzlichen Schlüsselpaar des Empfängers erreichen.

5.5 Customer Relationship Management

e-Commerce-Kunden sind mit dem Internet vertraut und sehr beweglich. Mit einem Mausklick sind sie auf anderen Webseiten, schnelle Angebotsvergleiche begünstigen den Wechsel des Anbieters. Der e-Commerce-Kunde ist also ein besonders flüchtiges Wild. Um ihn besser an uns zu binden, müssen wir zunächst mehr über ihn und seine Bedürfnisse erfahren. Dann können wir unser Angebot im Rahmen unserer Möglichkeiten speziell auf ihn zuschneidern. Und zum Schluss können wir versuchen, uns mit ihm informell besser zu vernetzen und ihn sozial an uns zu binden. Mit diesen drei Aspekten der Kundenbindung befassen sich die folgenden Abschnitte.

5.5.1 Kundenprofile

Wenn ein Bestandskunde unsere Webseiten erneut besucht, so ist er i.d.R. nicht als solcher erkennbar. Um mehr über ihn und seine Bedürfnisse erfahren zu können, muss er sich zu erkennen geben, auch dann wenn dies aus seiner Sicht nicht zwingend erforderlich ist. Dazu ist er jedoch nur dann bereit sein, wenn er sich einen speziellen Nutzen davon verspricht, z.B. aktuellere und bessere Informationen, besonders attraktive Angebote oder auch nur Erfolgsaussichten bei einem Gewinnspiel. Auch die Informationen, die wir zur Angebotssteuerung benötigen, werden wir nur bei einem besonderen Nutzenversprechen erhalten, z.B. weil der Kunde bestimmte Daten bei erneuten Besuchen nicht erneut eingeben muss und er es so bequemer hat. Was für einen Nutzen wir ihm bieten, das hängt nicht nur von unseren Möglichkeiten ab sondern auch von unseren Kunden in ihrer Gesamtheit ab. Es bedarf also intensiver Überlegungen und auch aufmerksam beobachteter Tests, denn entscheidend ist letztendlich der Erfolg unserer Bemühungen bei der Zielgruppe insgesamt.

Für die Erstellung von Profilen zu unseren Kunden gibt es verschiedene Datenquellen. Neben unserer eigenen Auftragsdatenbank sind dies die Angaben des Kunden selber und ggf. auch Informationen von dritter Seite. Insofern fangen wir beim Anlegen von Kundenprofilen nicht am

Nullpunkt an. Wir wissen bereits einiges über sie, z.B. kennen wir ihre Registrierungsdaten wie Namen und Adresse oder Bankverbindung, Telefon oder e-mail-Adresse. Auch wissen wir ganz genau, welche Produkte oder Dienstleistungen sie bisher bei uns gekauft haben und wir kennen, nicht unwichtig, auch ihre Zahlungsmoral. Wenn sie nun bei ihren Besuchen auf unseren Webseiten über Suchbegriffe in unseren Datenbanken stöbern, dann erfahren wir noch mehr über ihre Bedürfnisse. Auch bei gezielten Umfragen, z.B. per e-mail erfahren wir mehr zu ihren persönlichen Präferenzen oder wenn sie sich an Gewinnspielen beteiligen und dabei Angaben machen, die uns weiterhelfen. Eine technische Möglichkeit, mehr über die Interessen des Kunden zu erfahren, wäre darüber hinaus die sog. Clickstream-Analyse. Dabei wird mit Hilfe von Software festgestellt, welche Seiten unseres Webauftritts ein Kunde besucht, wie lange er dort verweilt, usw. Wenn es uns dann noch gelingt, persönliche Daten, z.B. den Wohnort mit statistischen Auswertungen, z.B. zur Kaufkraft in bestimmten Wohnbezirken zu verknüpfen, dann haben wir Drittinformationen erfolgreich in unser Kundeprofil mit einbezogen.

5.5.2 Individualisierung des Angebots

Die Individualisierung von Angeboten für Kunden ist an sich nichts Neues, jedoch war dies in der Vergangenheit auf solche beschränkt, die bereit waren dies über höhere Preise zu honorieren oder die Mengen abgenommen haben, bei denen der für die Individualisierung zu treibende Aufwand wirtschaftlich wenig ins Gewicht fiel. Individualisierung von Angeboten war also eher etwas für Premiumkunden bzw. Firmenkunden. Die technischen Möglichkeiten des Internets und seiner Dienste hat dies geändert. Durch die Automatisierung des Individualisierungsprozesses kann praktisch jedermann ein (mehr oder weniger) individuell auf ihn zugeschnittenes Angebot gemacht werden.

Voraussetzung für jede Individualisierung unseres Angebots ist jedoch ein aussagekräftiges Nutzerprofil. Je konkreter dieses ist, desto besser können wir uns auf den Interessenten einstellen. Dabei haben wir zwei Möglichkeiten, wir können ihm Informationen und Angebotsvarianten mit Produkten und Dienstleistungen präsentieren, die seinen zuletzt gezeigten Interessen entsprechen, oder solche, die denjenigen von Nutzern mit einem vergleichbarem Profil nahe kommen.

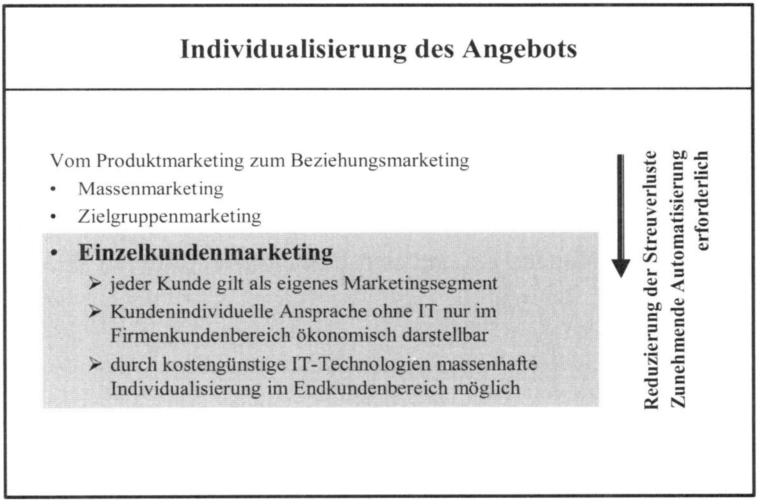

Abb. 5-9: Individualisierung des Angebots

Sobald wir den Kunden erkennen, können wir also unsere Webseiten individualisieren, z.B. indem wir Angebote in den Vordergrund rücken, die seinen bisherigen Käufen bzw. seinem Profil nahe kommen. Sobald wir mehr von ihm über den Grund seines aktuellen Besuchs wissen, können wir uns weiter auf ihn einstellen. Bestellt er z.B. ein bestimmtes Buch, dann können wir ihm dazu passende Angebote machen, z.B. die CD zum Buch. Dies wäre ein Beispiel dafür, wie sich die Individualisierung unseres Angebots am Profil des Kunden orientiert, und zwar an der Ausprägung, die der Kunde durch seine Bestellung soeben selbst aktualisiert hat.

Wir können aber auch Angebote in den Vordergrund rücken, die von der Zielgruppe, zu der der Kunde gehört, gerne angenommen werden. So könnten wir den Kunden darauf hinweisen, dass Kunden, die das von ihm soeben selbst bestellte Buch gekauft haben, gerne auch noch ein anderes dazu genommen haben und ihm dies so anbieten. Dies wäre ein Beispiele dafür, wie sich die Individualisierung unseres Angebots an Kunden mit vergleichbarem Profil orientiert.

Neben der so ereichten Erhöhung der Umsätze können bei Produktion und Verteilung der Ware bzw. dem Erbringen der Dienstleistung Skalenvorteile realisiert und damit Kosten gesenkt werden. Und dann haben wir natürlich die Chance für eine bessere Kundenbindung.

5.5.3 Soziale Netzwerke

Wenn wir einen Kunden bei erneuten Besuchen auf unseren Webseiten wieder erkennen, dann können wir besser auf ihn eingehen, zugleich aber wird ein besseres Eingehen auf den Kunden dessen Bereitschaft fördern, erneut wiederzukommen. Es gilt also diese Positivspirale in Gang zu setzen und sie dann abzusichern, denn der e-Commerce-Kunde ist, wie oben ausgeführt, stark abwerbegefährdet. Hier bewährt es sich, eine stärkere informelle und soziale Vernetzung zwischen dem Kunden und uns anzustreben und darüber hinaus ein Netzwerk zu schaffen, in dem andere Kunden und kooperierende Anbieter von ergänzenden Gütern oder Dienstleistungen einbezogen sind.

Eine bessere informelle und soziale Verflechtung zwischen dem Kunden und uns lässt sich auf vielfältige Weise erreichen, z.B. durch

- Mailing-Listen für den Versand von Newslettern, in die sich der Kunde (ggf. auch schon der Interessent) eintragen kann
- direkte Kommunikation zur Beantwortung individueller Fragen per e-mail
- die Begleitung des Leistungsprozesses durch einen kontinuierlichen Kommunikationsfluss, beispielsweise über den Auftragsstatus, den der Kunde selbst abrufen kann

Dabei ist es nahe liegend und kostengünstig, wenn wir für unsere Botschaften an den Kunden denselben Kommunikationskanal benützen, wie er selbst, eben das Internet und seine Dienste.

Ein Netzwerk unter Einbeziehung ganzer Kundengruppen und kooperierender Anbieter lässt sich in Abhängigkeit von der Zielgruppe ebenfalls auf verschiedene Weise erreichen, z.B.

- durch Werbebanner kooperierender Anbieter auf unseren Webseiten oder ein von uns geschaltetes Banner auf deren Webseiten
- durch entsprechende Verweise (links) auf unseren Webseiten oder denen unserer Partner
- durch von uns organisierte Newsgroups und Chat-Räume

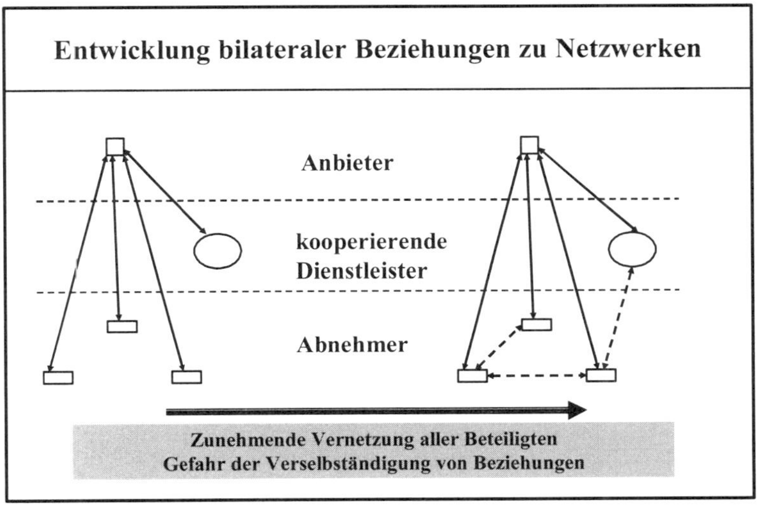

Abb. 5-10: Entwicklung bilateraler Beziehungen zu Netzwerken

Natürlich profitieren alle Beteiligten an diesen virtuellen Gemeinschaften, Kunden, kooperierende Anbieter und diejenigen, die sie organisieren. Sobald genügend Teilnehmer vorhanden sind, erhalten die Kunden ein immer umfassenderes und bedarfsnäheres Angebot, das leicht und schnell abgerufen werden kann. Die Bündelung homogener Nachfrage führt ggf. über Skaleneffekte auch zu günstigeren Konditionen. Für kooperierende Anbieter ist die Bündelung der Kaufkraft einer eher homogenen Zielgruppe mit gleichartigen Bedürfnissen interessant, um den Absatz zu steigern und ihrerseits von evtl. Skaleneffekten zu profitieren.

Zudem bauen sich mit einer immer besseren Vernetzung mit den Nachfragern in der virtuellen Gemeinschaft Markteintrittsbarrieren für andere Wettbewerber auf. Diejenigen jedoch, die virtuelle Gemeinschaften organisieren, können zusätzlich auf Kooperationsgebühren, Provisionen und Werbeeinnahmen hoffen. Newsgroups und Chat-Räume haben darüber hinaus den zusätzlichen Vorteil, dass ein nicht unerheblicher Teil der dort diskutierten und angesprochen Lösungen zu gemeinsam interessierenden Fragen nicht von den Organisatoren sondern für diese kostengünstig von den anderen Teilnehmern bereitgestellt wird.

5.6 Zusammenfassung

In diesem Kapitel haben wir uns auf die elektronischen Geschäftsbeziehungen zwischen Unternehmen und Verbrauchern, den sog. B-C-Commerce konzentriert. Dabei haben wir eine vorwiegend anwenderorientierte Sicht eingenommen, gleichwohl die Grundprinzipien der technische Aspekte berücksichtigt, die zum Verständnis der Chancen und Risiken des e-Commerce wichtig sind. Es ging uns nicht um detailgenaue Darstellung sondern darum, ein Verständnis für die Zusammenhänge zu entwickeln, das bei Bedarf durch weitere Studien ergänzt und konkretisiert werden kann.

Für diesen Zweck führen wir ein paar Literaturhinweise an:

- Albers, Sönke et al.: e-Commerce, 2. Auflage, FAZ-Institut, Frankfurt, 2000
- Krause, Jörg: e-Commerce und Online-Marketing, Carl Hauser Verlag, München, 2000
- Lenz, Jörg-M. & Schmidt, Christiane: Die elektronische Signatur, Bank-Verlag, Köln, 2001
- Riehm, Ulrich et al.: e-Commerce in Deutschland, Büro für Technologiefolgenabschätzung beim Deutschen Bundestag, Berlin, 2003

6 Informationsmanagement

Informationsmanagement hat zwei Gesichter, in der unternehmensinternen Innensicht das Management des Informatikbereichs selbst und in der über das Unternehmen hinaus weisenden Außensicht den intelligenten Einsatz von Informations- und Kommunikationstechnologien im Wettbewerb. Der Zielgruppenorientierung dieses Buches folgend liegt unser Schwergewicht auf der Außensicht, d.h. bei der Frage, wie Wettbewerbsvorteile erlangt werden bzw. Nachteile aufgrund der technologischen Entwicklung vermieden werden können.

Dazu muss man zunächst erkennen, was das Unternehmen über sich und sein Geschäftsfeld denn nun weiß. Das technologische Hilfsmittel dazu ist ein sog. „Data Warehouse". Dann werden wir am Beispiel von Dokumenten- und Workflowmanagement aufzeigen, wie Unternehmensprozesse effektiver und effizienter gestaltet werden können. Dazu gehört auch der Informatikbereich selbst, dem ein eigener Abschnitt gewidmet ist. Zum Schluss streifen wir die rechtlichen Rahmenbedingungen, unter denen Informations- und Kommunikationstechnologien eingesetzt werden. Wir konzentrieren uns dabei auf den Datenschutz und die betriebliche Mitbestimmung. Den Abschluss des Kapitels bildet wieder eine thematische Zusammenfassung mit Literaturhinweisen.

6.1 Data Warehouse

Operative Anwendungssysteme, wie wir sie im Kapitel „Anwendungssysteme“ beschrieben haben, sind fokussiert auf die jeweilige betriebliche Anforderung, z.B. die Personalabrechnung oder die Lagerhaltung. Dadurch werden die Systeme und ihre Datenmodelle jedoch sehr heterogen. Selbst dann, wenn auch das Lagerhaltungssystem bestimmte Personaldaten benötigt, z.B. um den Verantwortlichkeiten für Lagerbewegungen nachvollziehen zu können, unterscheiden sich die Anforderungen erheblich von denjenigen des Personalabrechungssystems. Dieser Umstand erschwert es, Daten aus verschiedenen operativen Anwendungssystemen für Controlling und Managementaufgaben gemeinsam auszuwerten. Hier setzten „Data Warehouses“, also Datenlagerhäuser, an. In ihnen werden bestimmte Daten aus den einzelnen operativen Anwendungssystemen zusammengeführt und erneut, d.h. redundant, abgespeichert. Die gesammelten Daten werden darüber hinaus so aufbereitet, dass sie bequem und schnell für verschiedene Zwecke ausgewertet werden können.

6.1.1 Architektur

Die Zusammenführung von Daten aus verschiedenen operativen Anwendungssystemen setzt eine einheitliche Datenbankstruktur voraus. Bei der Überführung der Daten müssen diese in der Reihenfolge der Datenfelder, dem Aufbau der Datenfelder und der Formatierung in die Datenstruktur des Datenlagerhauses transformiert werden. Unter Umständen sind die Daten auch inhaltlich aufzubereiten, z.B. durch die Selektion bestimmter Datensätze, die Beseitigung von Homonymen und Synonymen oder die Ergänzung durch Informationen aus anderen, ggf. auch externen, Datenquellen.

Die so zusammengeführten und aufbereiteten Daten bilden den sog. Grunddatenbestand. Die in ihm gespeicherten Einzeldatensätze können Einzelpersonen, konkreten Abteilungen und bestimmten Artikeln zugeordnet und durch spätere Datenlieferungen, z.B. in den Folgemonaten, ergänzt werden. So ist dann auch ein zeitlicher Ablauf, z.B. bei Personalbewegungen oder Lagerbeständen im Datenlagerhaus nachvollziehbar.

Wenn nun jede Auswertung auf den Grunddatenbestand selbst zurückgreifen würde, käme es durch die Flut an Daten im Datenlagerhaus sehr schnell zu sehr langen Programmlaufzeiten und hohen Dialogantwortzeiten. Zugleich dienen die Auswertungen im Datenlagerhaus Controlling und Managementzwecken, d.h. es kommt nicht primär auf die Einzeldatensätze an, sondern mehr auf Aggregationen. Es kommt nicht auf die einzelne Lagerbewegung an, sondern auf die Entwicklung des Lagerbestands zu einem Artikel im zeitlichen Ablauf; nicht das Gehalt eines bestimmten Mitarbeiters interessiert, sondern die Verteilung der Gehaltssumme über die Abteilungen. Deshalb werden die Daten aus dem Grunddatenbestand in den sog. Verdichtungsbestand hinein verdichtet.

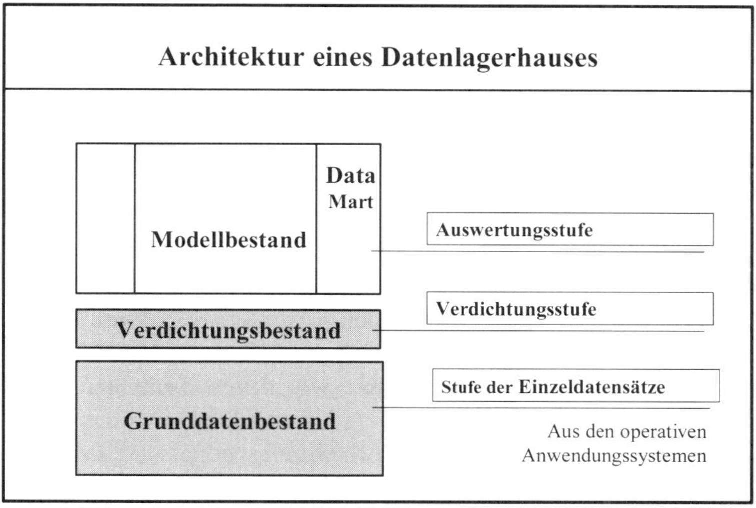

Abb. 6-1: Architektur eines Datenlagerhauses

Nun kann die Navigation im gesamten Spektrum der Unternehmensdaten für den Anwender durchaus schwierig sein. Zudem benötigt er für konkret abgegrenzte Aufgabenfelder wie das Personalcontrolling oder die Vertriebssteuerung viele Daten aus dem Verdichtungsbestand für seine konkrete Aufgabenstellung nicht. Deshalb werden aus dem Verdichtungsbestand heraus einzelne Teilmodelle („Data Marts") erzeugt, die auf die jeweilige Aufgabenstellung genau zugeschnitten sind. Der Anwender bekommt dann genau diejenigen Daten zur Verfügung, die er benötigt und andere nicht. Durch eine an der konkreten Aufgabe orientierten Vergabe von Zugriffsrechten können dann auch Datenschutz- und Sicherheitserfordernisse (Siehe unten) besser befriedigt werden. Die Summe der Teilmodelle nennt man den Modellbestand.

6.1.2 Online Analytical Processing

Die Aufgaben der Disposition und der Unternehmensführung bringen es ihrer Art nach mit sich, dass Auswertungen aus Datenlagerhäusern sehr flexibel auf sich verändernde Fragestellungen eingehen müssen. Häufig wirft eine Auswertung der Daten neue Fragen auf, die ihrerseits nach einer modifizierten neuen Auswertung verlangen. Dieser Prozess mit immer neuen Abfragen zieht sich solange hin, bis der Nutzer zufrieden stellende Antworten erhält. Da die Zeiträume für Analysen und Entscheidungen häufig eng begrenzt sind, muss dieser Prozess schnell und effizient unterstützt werden. Online Analytical Processing (OLAP) steht für Programme und Techniken, die dies leisten.

Zum einen werden die Daten im Modellbestand so aufbereitet, wie sie für die Abfragen voraussichtlich benötigt werden. So könnte im Personalcontrolling interessant sein, wie sich die Mitarbeiter über die Standorte des Unternehmens verteilen, wie viel davon Teilzeitbeschäftigte sind und wie die zeitliche Entwicklung hierzu ist. Man wird also Selektionsmöglichkeiten nach Standort, Arbeitszeit, Monat und Jahr benötigen. Andere Anforderungen werden als Selektionskriterium die Kostenstelle benötigen oder die Abteilung. Es werden also vorausschauend Möglichkeiten zu Selektion und Aggregation geschaffen, die dann vom Anwender beliebig kombiniert werden können und trotzdem schnelle Antwortzeiten ermöglichen.

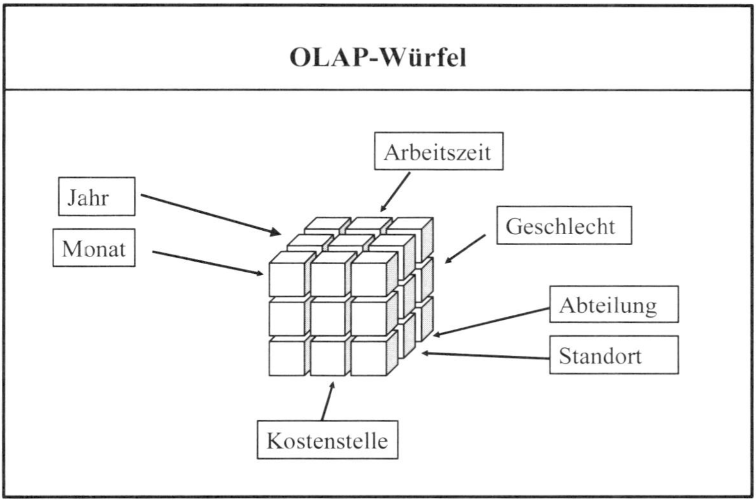

Abb. 6-2: OLAP-Würfel

Zum anderen werden Softwarewerkzeuge bereitgestellt, die eine ansprechende Präsentation dieser multidimensionalen Daten für die Zwecke der Entscheidungsunterstützung ermöglicht.

6.1.3 Data Mining

Bei den bislang beschriebenen Auswertungen waren diese durch die gezielte multidimensionale Aufbereitung der Daten in den einzelnen Datenmodellen in gewisser Weise vorgedacht. Es gibt jedoch auch Zusammenhänge zwischen den Daten im Datenlagerhaus, die unbekannt sind, die aber ggf. für geschäftspolitisch interessante Fragestellungen nutzbar gemacht werden können. So könnte es für die Preisfindung von Interesse sein, wie sich verschiedene Produktattribute auf die Kaufbereitschaft auswirken oder woran man erkennt, dass ein Kunde abwanderungsgefährdet ist. Wie erkennt man das Potential eines Interessenten und kann man Versicherungsbetrüger vorab erkennen?

Die Technologie, die hier zum Einsatz kommt, nennt sich „Data Mining“, sozusagen Datenbergbau im Datenlagerhaus, das Forschen nach unbekannten Strukturen und Zusammenhängen. „Data Mining“ steht dabei für eine Ansammlung von statistischen Methoden und Techniken der Mustererkennung und der künstlichen Intelligenz. Da die Daten im Datenlagerhaus aus den verschiedensten Anwendungssystemen einheitlich aufbereitet sind, bietet sich dieses als Datenbasis auch für diese Aufgabenstellung an.

6.2 Dokumentenmanagement

Für die Optimierung von Geschäftsprozessen sind Informations- und Kommunikationstechnologien auf vielfältige Weise verwendbar. Wir demonstrieren dies am Beispiel von Dokumentmanagementsystemen, welche die üblichen Anwendungssysteme zur Datenverarbeitung ergänzen und zu erheblicher Effizienz- und Effektivitätsgewinnen führen.

6.2.1 Verwalten von Geschäftsvorfalldaten

Wir beginnen unsere Überlegungen bei den bekannten Anwendungssystemen zur Verwaltung von Geschäftsvorfalldaten, seien es Fertigungsaufträge bei einem Unternehmen der Fertigungsindustrie, Beschaffungs- und Absatzdaten bei einem Handelsunternehmen oder eben Bestandsdaten in der Versicherungswirtschaft. Insofern verweisen wir auf unser Kapitel zu den Anwendungssystemen, z.B. den Abschnitt zur Bestandsführung bei einem Versicherungsunternehmen. Dort haben wir exemplarisch herausgearbeitet, wie alle formatierten Daten zu einem Versicherungsvertrag elektronisch vorgehalten und verwaltet werden. Auch die im Lauf der Zeit eintretenden Veränderungen, seien es neu einzuschließende Risiken oder die Umstellung der Zahlungsweise von monatlich auf jährlich, sind durch Aufbewahren einer Änderungshistorie jederzeit nachvollziehbar. Die IT-Unterstützung bewegt sich auf dem in Abbildung 6-3 als „Stufe 1" bezeichneten Niveau.

Zu den Geschäftsvorfalldaten gehören jedoch auch die ausgehende Post an den Vertragspartner und auch dessen Erklärungen gegenüber dem Unternehmen. Diese sind aber beim bislang beschriebenem Zustand in einer papierenen Akte gesammelt, die bei großen Vertragsbeständen nicht am Arbeitsplatz des Sachbearbeiters sonder zentral in einem Archiv vorgehalten werden. Bei Bedarf werden sie durch einen Botendienst an den Arbeitsplatz des Sachbearbeiters gebracht.

Speicherung von Vorgangsdaten

Stufe 1:
- Verwalten der Bestandsdaten
- Dokumentation der Änderungshistorie

Stufe 2:
- Archivieren der Ausgangspost
- Inhaltliche Übereinstimmung erforderlich

Stufe 3:
- Archivieren der Eingangspost
- Bildliche Übereinstimmung erforderlich
- Scannen, Indexieren, Schreiben

Abb. 6-3: Speicherung von Vorgangsdaten

Dies erfordert jedoch seine Zeit und die Akte steht erst entsprechend verzögert zur Bearbeitung zur Verfügung. Eine schnelle Reaktion, z.B. auf die Anfrage eines Kunden am Telefon, ist so nicht möglich. Zudem ist der Transport der Akten aufwendig und diese sind auch noch anfällig für evtl. Beschädigungen oder gar Zerstörung. Abhilfe schafft hier lediglich die elektronische Archivierung auch der unformatierten Dokumente, von Ausgangs- und Eingangspost.

6.2.2 Archivierung ausgehender Post

Wir setzen unsere Überlegungen fort mit der Ausgangspost, die wir ja in der Regel selbst mit Hilfe von Anwendungssystemen elektronisch erzeugen. Rechtliche Erfordernisse führen jedoch dazu, dass diese häufig auf Firmenpapier ausgedruckt, ggf. unterschrieben und als Brief oder Fax versandt werden, eine Kopie kommt in die Akte. Sollen diese selbst produzierten Dokumente elektronisch aufbewahrt werden, so müssen sie nach der z.Z. gültigen Rechtsprechung in inhaltlicher Übereinstimmung archiviert werden. Ein anerkanntes Verfahren hierfür ist das sog. „COLD"-Verfahren. COLD steht für „Computer Output to local Disk" und ermöglicht die rechtlich akzeptierte Speicherung von im Haus erzeugtem Druckoutput, kostengünstig und ohne manuellen Aufwand.

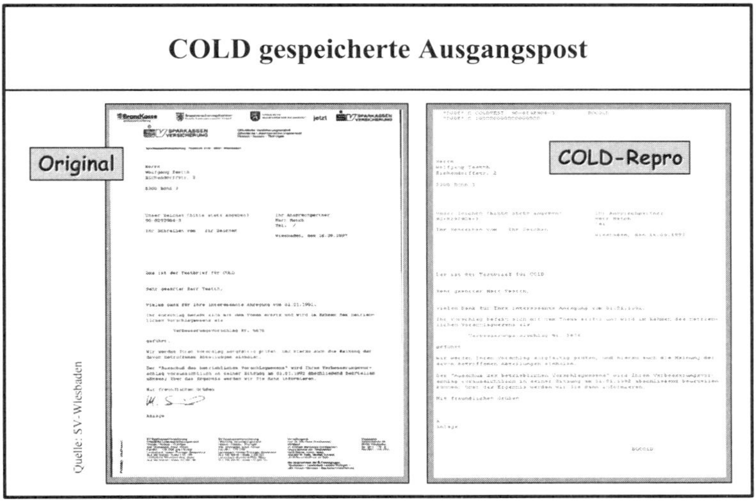

Abb. 6-4: COLD gespeicherte Ausgangspost

Um einen Brief in all seinen Bestandteilen, d.h. mit dem eigentlichen Text, dem gesamtem Briefkopf mit dem Firmenlogo, den Fußzeilen mit den Namen der Vorstände, Adresse und Bankverbindung sowie den Unterschriften (linke Seite von Abbildung 6-4) elektronisch abzuspeichern benötigt man etwa 100 KByte für eine Seite. Die neben dem Text erwähnten Teile des versandten Briefes erfordern dabei jedoch einen sehr hohen Anteil des gesamten Speicherplatzes, aber sie dürfen bei der Speicherung weggelassen werden. Dadurch reduziert sich der erforderliche Speicherplatz dann entsprechend auf wenige Prozent des ursprünglichen Wertes. Die Reproduktion des Briefes stellt sich dann allerdings, wie auf der rechten Seite von Abbildung 6-4 erkennbar, entsprechend abgespeckt dar, aber das ist ausreichend.

6.2.3 Archivierung eingehender Post

Bei der Speicherung eingehender Post sind die Anforderungen höher. Nach üblicher Rechtsprechung müssen eingehende Geschäftsbriefe und Dokumente nämlich in bildhafter Übereinstimmung archiviert werden. Das Weglassen bestimmter Standardinformationen wie beispielsweise von Briefköpfen ist deshalb nicht möglich. Man benötigt also erheblich mehr Speicherplatz als bei ausgehenden Dokumenten.

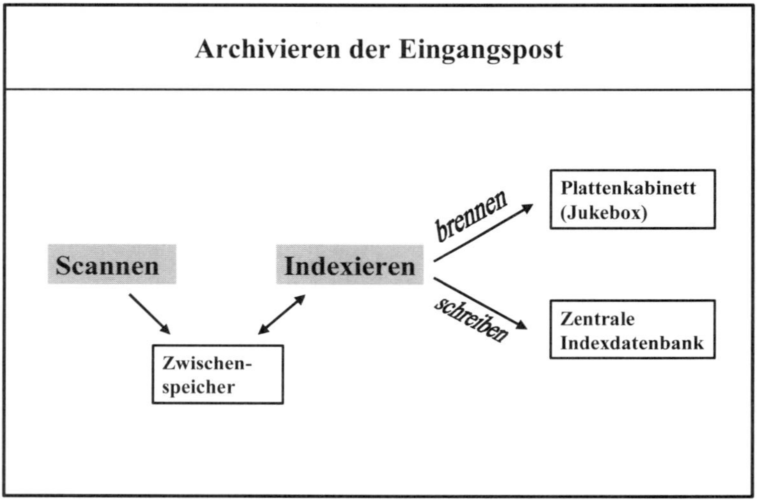

Abb. 6-5: Archivieren der Eingangspost

Zudem kommt die eingehende Post i.d.R. nicht in elektronischer Form. Wir benötigen also nicht nur ein Verfahren zur Archivierung, sondern auch eines zur Erfassung. Dies sieht so aus, dass die Dokumente zunächst mit leistungsfähigen Scannern stapelweise eingelesen (ca. ein Blatt pro Sekunde) und auf Festplatten zwischengespeichert werden. An sog. Indexierarbeitsplätzen werden die gescannten Dokumente dann von Mitarbeitern auf ihre Qualität hin geprüft und erhalten eine Kennung, z.B. eine Vertrags- oder eine Kundennummer, die häufig in Teilen des Dokuments wie der Betreffzeile schon aufgeführt ist. Mit dieser Kennung kann dann automatisch ein Sachbearbeiter festgestellt werden, der für die Bearbeitung zuständig ist. Ist ein Stapel an Dokumenten vollständig indexiert, werden die Dokumente auf eine optische Platte gebrannt und diese in einem sog. Plattenkabinett aufbewahrt. Bei Bedarf kann auf alle dort hinterlegten Platten wie bei einer Jukebox automatisch zugegriffen werden. Damit das erneute Auffinden der Dokumente jedoch schnell erfolgen kann, werden zusätzlich relevante Informationen wie diejenigen zur Kennung des Dokuments und dem Plattenspeicherplatz in einer zentralen Indexdatenbank gespeichert.

6.3 Workflowmanagement

Der Einsatz eines Dokumentenmanagementsystems ebnet den Weg für grundlegende Veränderungen im Ablauf der Geschäftsprozesse, sowohl unternehmensintern, d.h. im Innenverhältnis als auch extern in der Kunden- oder Lieferantenbeziehung. Das heute hierfür gängige Schlagwort heißt „Workflowmanagement“:

6.3.1 Interne Geschäftsprozesse

Mit der Abspeicherung sowohl ausgehender als auch eingehenden Post in einem elektronischen Archiv kann auf diese von jedem geeigneten Arbeitsplatz im Unternehmen aus zugegriffen werden. Zusammen mit den in Datenbanken gespeicherten Bestandsdaten sind alle für die Bearbeitung von Vorgängen erforderlichen Unterlagen elektronisch verfügbar. Ein körperliches Archiv ist nicht mehr erforderlich und der Transport der Dokumente an die Arbeitsplätze auch nicht.

Mit der Indexierung eingehender Post und der Zuweisung zu einem Sachbearbeiter können diesem die von ihm zu bearbeitenden Vorgänge auf elektronischem Wege zugewiesen werden. Er findet die anstehenden Vorgänge in seinem Postkorb und kann direkt auf alle erforderlichen Unterlagen zugreifen. Auch erhält er auf einfache Weise Übersicht über noch unbearbeitete Vorgänge, deren Bearbeitung er, aus welchen Gründen auch immer, zurückgestellt hat und die jetzt zur Bearbeitung anstehen. Sollte er ungeplant abwesend sein, z.B. aus Krankheitsgründen, dann wird die Führungskraft auf dieselbe Weise in die Lage versetzt, zeitkritische Vorgänge zu erkennen und diese ggf. auf einem anderen Sachbearbeiter umzuleiten.

6.3.2 Externe Geschäftsprozesse

Die Möglichkeiten zur Umgestaltung von Unternehmensprozessen gehen aber noch viel weiter. Wenn jeder geeignet ausgerüstete und berechtigte Sachbearbeiter im Innendienst jederzeit auf die gesamten Unterlagen zu Verträgen bzw. Kunden zugreifen kann, dann kann dies auch dem Außendienst, der normalerweise keinen Arbeitsplatz in der Unternehmenszentrale hat, ermöglicht werden. Dies kann z.B. zu einer Umverteilung von Aufgaben bei der Vertragsannahme genutzt werden. Normalerweise beschränkt sich nämlich die Tätigkeit des Außendienstes bei der Annahme eines Versicherungsvertrags auf die Beratung des Kunden, die Angebotserstellung und die Antragstellung beim Kunden. Erst der Innendienst ist durch die Verfügbarkeit aller Unterlagen und der erforderlichen Anwendungssysteme in der Lage, den Antrag zu prüfen und ggf. die Policierung durchzuführen.

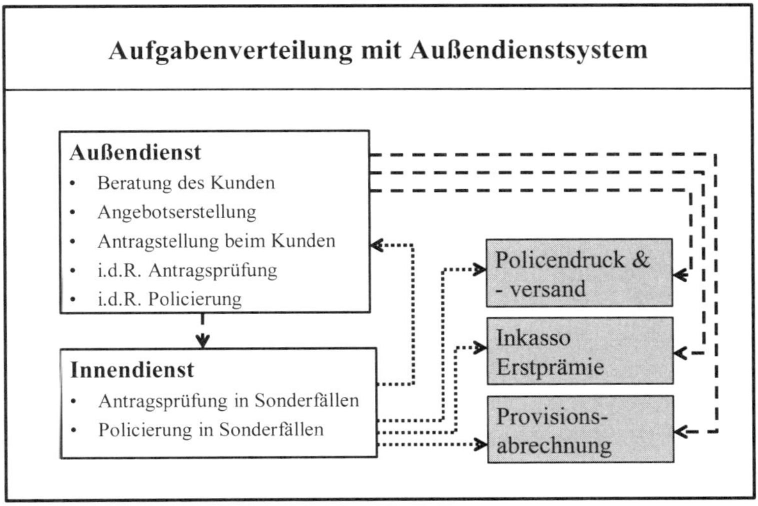

Abb. 6-6: Aufgabenverteilung mit Außendienstsystem

Dadurch dass alle erforderlichen Unterlagen und die Anwendungssysteme jetzt auch in jedem Filialbüro bzw. sogar beim Kunden selbst verfügbar gemacht werden können, ist es möglich, dem Außendienst im Rahmen seiner Vollmachten die verbindliche Annahme von Versicherungsanträgen zu gestatten. Nur noch Sonderfälle werden weiterhin auf konventionellem Wege durch den entsprechend spezialisierten Innendienst bearbeitet.

Wenn dem Außendienst vom Kunden aus Zugang auf die Anwendungssysteme und die Datenbestände zugestanden wird, dann könnte dies, in entsprechend begrenztem Umfang, natürlich auch dem Kunden selbst zugestanden werden, z.B. beim Abschluss von Verträgen ohne kritische Risikoprüfung wie denjenigen bei der Unfallversicherung. Aber dieses Thema haben wir bereits Kapitel „e-Commerce“ berührt.

6.4 IT-bewusste Unternehmensführung

Unsere bisherigen Ausführungen zeigen, wie schnell IT-technische Überlegungen uns in den Bereich strategischer Unternehmensentscheidungen führen. Zum einen geht es darum, IT-Potentiale bei der Umsetzung der Unternehmensstrategie dienstbar zu machen, zum anderen ist unverkennbar, das Informations- und Kommunikationstechnologien das Geschäftsfeld wandeln. Um hier gegenüber dem Wettbewerb nicht ins Hintertreffen zu gelangen, gilt es diesen Wandel mitzugestalten und ggf. vorwegzunehmen. Wenig erstrebenswert ist es, bei entscheidenden Veränderungen hinterherzuhinken und lediglich passiv zu reagieren.

6.4.1 IT-Potentiale dienstbar machen

Wenn wir vorher beschrieben haben wie Dokumenten- und Workflowmanagement bei der Vertragsannahme zu einer Verlagerung von Aufgaben vom Innendienst zum Außendienst führen können, so ist dies nicht Gott gegeben. Die unternehmerische Entscheidung könnte auch so ausfallen, dass die Öffnung von IT-Systemen und Datenbeständen für derartig weit reichende Zugriffe von außerhalb des Unternehmensnetzwerkes nicht wünschenswert ist. In diesem Fall würden die Aktivitäten des Außendiensts bei der elektronischen Erfassung und der Übertragung der Antragsdaten an die Direktion enden. Die weitere Bearbeitung wäre, wie gewohnt, Sache des Innendienstes.

Doch auch die Bearbeitungsvorgänge beim Innendienst könnten durch die Möglichkeiten der Technologie effizienter und effektiver gestaltet werden. So könnten die Mitarbeiter eines Kundenservicecenters mit begrenzten Vollmachten ausgestattet und in die Lage versetzt werden, Vertragsanträge in ausgewählten Sparten bis zu einer bestimmten Versicherungssumme anzunehmen, während wiederum andere Vertragstypen spezialisierten Abteilungen vorbehalten wären.

Wie die Geschäftsprozesse aufgrund der technologischen Möglichkeiten umgestaltet werden ist letztendlich eine unternehmerische Entscheidung. Es bedarf jedoch im Entscheidungsprozess auch konkreter Kenntnisse der technologischen Möglichkeiten, ohne die entsprechende Sachkunde wären die Entscheidungen auf Sand gebaut.

6.4.2 Wandel des Geschäftsfelds mitgestalten

Noch anspruchsvoller ist die Aufgabe, den durch die Technologie bedingten Wandel des Geschäftsfeldes mitzugestalten bzw. in der eigenen Strategie sogar vorwegzunehmen. Wir haben bereits angedeutet, dass die Möglichkeit, auch dem Kunden den Abschluss ausgewählter Versicherungsverträge online zu gestatten, Einfluss auf die Produktgestaltung hat. Beratungsintensive Produkte können nicht ohne Mithilfe qualifizierter Mitarbeiter an den Mann bzw. die Frau gebracht werden. Möglicherweise wird man dem e-Commerce-Kunden nur ausgewählte Kombinationen von Produktmerkmalen anbieten, vielleicht können die Versicherungssummen nur in einigen zur Auswahl vorgegebenen Höhen gewählt werden. Und natürlich stellt sich die grundsätzliche Frage, ob den eigenen Zielgruppen Produkte überhaupt auf elektronischem Weg angeboten werden sollen oder ob dies andererseits vielleicht unabdingbar ist. Kann man aus der Konzentration bestimmter Aufgaben in einem Kompetenzcenter Nutzen ziehen oder wäre die entsprechende Investition in der konkreten Unternehmenssituation eine Fehlinvestition? Auch hier stehen immer wieder von neuem weitreichende unternehmerische Entscheidungen an, die auch technologisches Know-how erfordern.

6.5 Management der Informatik

Wir haben schon erkannt, dass auch im Informatikbereich selbst Potentiale schlummern, um die Prozesse bei Erstellung, Einführung, Betrieb und Weiterentwicklung von Informations- und Kommunikationssystemen zu optimieren. Es gibt hier verschiedene, in einander greifende Felder: beim laufenden Betrieb von Anwendungssystemen das Problemmanagement, das Performancemanagement und das Sicherheitsmanagement; beim Blick auf die Bewältigung zukünftiger Anforderungen die Kapazitätsplanung und das Systementwicklungskonzept für Neuentwicklungen. Die Klammer zwischen beiden Bereichen bildet das IT-Controlling, das sich nicht auf die Vergangenheitsbewältigung beschränken darf, sondern auch der Steuerung zukünftiger Entwicklungen dienstbar gemacht werden muss.

Aufgabenfelder zum Management der Informatik

Abb. 6-7:. Aufgabenfelder zum Management der Informatik

Jedem dieser Aspekte gilt einer der folgenden Abschnitte, mit Ausnahme des Systementwicklungskonzepts, denn damit haben wir uns bereits im Kapitel „Systementwicklung" auseinander gesetzt.

6.5.1 Problemmanagement

Beim Problemmanagement geht es um die Lösung gemeldeter Einzelprobleme, von streikenden Druckern über Fehlfunktionen und Bedienungsfehler bei Anwendungssystemen bis hin zu Systemabstürzen. Hierfür benötigt man eine Anlaufstelle für alle Problemmeldungen, z.B. eine „Hotline“ oder ein „Call Center“, in dem die Probleme aufgenommen und kanalisiert werden. Auch muss hier die Problemverfolgung möglich sein, so dass jederzeit Auskunft über den Bearbeitungsstand gegeben werden kann.

Nun sind aber nicht alle Problemmeldungen gleich wichtig. Um die verfügbaren Kapazitäten zur Problembehebung effektiv einsetzen zu können, ist es deshalb nötig, Problemmeldungen entsprechend ihrer Dringlichkeit zu klassifizieren. Dies gefällt jedoch regelmäßig denjenigen nicht, deren persönliches Problem nachrangig eingestuft wird. Schnell wird dann behauptet, eine zügige Problemlösung hinge vorrangig von persönlichen Beziehungen ab. Es gibt jedoch auch objektive Kriterien für die Priorisierung, z.B. die Reichweite einer Störung. Wenn ganze Fachabteilungen oder gar Kunden betroffen sind, so ist dies sicher anders einzuschätzen als wenn lediglich einzelne Arbeitsplätze tangiert sind. Eine dienstleistungsorientierte IT-Abteilung wählt deshalb z.B. eine Klassifizierung, beginnend mit dem schwerwiegendsten Grad „der Kunde bemerkt die Störung“ und dann „die Vertriebspartner sind tangiert“, „die Fachabteilungen sind betroffen“ und als niedrigsten Schweregrad „die IT-Abteilung bemerkt die Störung“. Weiterhin gilt es von den meldenden Personen für Ursachenfindung und Fehlerbehebung wichtige Hinweise aufzunehmen, z.B. die Häufigkeit der Störung, ihr zeitliches Auftreten oder andere auffällige Umstände. Ggf. sind Protokolle von Betriebssystem oder Jobsteuerungssystem auszuwerten oder eine Monitoring-Software zur Systembeobachtung einzusetzen.

Vornehmste Aufgabe des Problemmanagements ist natürlich die Behebung von Problemen. Es werden jedoch im Lauf der Zeit aus der Vielzahl von Problemmeldungen auch Erkenntnisse gewonnen für Maßnahmen zur zukünftigen Vermeidung von Problemen. So müssen ggf. bestimmte Hardwarekomponenten häufiger inspiziert und vorausschauend gewartet oder ausgetauscht werden. Häufig empfiehlt es sich, die

Benutzerführung in Anwendungssystemen zu ändern oder bestimmte Fehleingaben von vornherein maschinell zu unterbinden. Manchmal ist es besser, einzelne Abläufe als solche zu verändern und gelegentlich werden auch Ausbildungserfordernisse erkannt. Problemmanagement kann so zum Auslöser werden für die vorbeugende Wartung der Systeme, organisatorische Veränderungen und die bedarfsgerechte Mitarbeiterfortbildung.

6.5.2 Performancemanagement

Das Performancemanagement arbeitet mit Kennzahlen, an denen die Leistung der IT-Abteilung gemessen werden kann. Dies gilt für alle Organisationsbereiche der IT, sei es die Anwendungsentwicklung, den Benutzerservice oder das Rechenzentrum. Mit den Möglichkeiten, Umfang und Qualität der von der Anwendungsentwicklung bereitgestellten und gewarteten Anwendungssysteme zu bewerten, haben wir uns (ohne großes Aufheben) schon im Kapitel „Systementwicklung" befasst. Die besprochenen Methoden im Projektmanagementpfad und im Qualitätssicherungspfad erlauben es die „Performance" der Anwendungsentwicklung zu bewerten, nicht nur bei Neuentwicklungen sondern auch bei Wartung und Weiterentwicklung von Altsystemen. Bei Benutzerservice und Rechenzentrum haben wir uns dagegen bislang wenig mit den dort zu erbringenden Leistungen befasst. Wir werden dies jetzt nachholen und einen für die Leistungsmessung geeigneten Satz an Kennzahlen vorstellen.

Dem sog. Benutzerservice obliegt die Betreuung des Endanwenders, der meistens in der Fachabteilung sitzt. Der Endanwender ist i.d.R. kein IT-Fachmann und besitzt lediglich Kenntnisse zu den von ihm benutzen Anwendungssystemen. Er benötigt sowohl bei der Einrichtung seines Arbeitsplatzes als auch bei Betriebsproblemen (Siehe Problemmanagement) sachkundige Hilfe. Konsequenterweise unterstützt der Benutzerservice bei Auswahl und Beschaffung von Hard- und Software für die individuelle Datenverarbeitung, d.h. von PCs am Arbeitsplatz und der zugehörigen Software.

Kennzahlen zur Leistungsmessung

Kennzahlen für die BS-Leistung
- Anzahl der zu betreuenden Endgeräte
- Anzahl betreuter Anwender pro BSZ-Mitarbeiter
- Zahl der Anfragen pro Tag
- Mittlere Zeitdauer bis zur Abhilfe bei Problemen
- Anzahl offener Unterstützungsanforderungen
- ...

- **Kennzahlen für die RZ-Leistung**
- Systemverfügbarkeit
- Kapazitätsauslastung
- Antwortzeiten bei Dialoganwendungen
- Transaktionszahlen bei Dialoganwendungen
- Durchsatz bei Stapelanwendungen
- Datenbestandsmengen
- Reichweite von Störungen
- ...

Abb. 6-8: Kennzahlen für die Leistungsmessung

Die Unterstützung hat jedoch insofern einen regulierenden Charakter, als der Benutzerservice für die individuelle Datenverarbeitung verbindlich festlegt, welche Hardware und welche Software für den Anwender beschafft werden darf. So ein Hard- und Softwarestandard ist auch dringend erforderlich, um die Beschaffung zu optimieren, Rabatte bei den Einkaufspreisen zu nutzen und um die Systemlandschaft überhaupt betreuen zu können. Bei einer Flut verschiedener Konfigurationen, d.h. von verschiedenen Zusammenstellungen von Hard- und Softwarekomponenten an den Arbeitsplätzen, wäre der best qualifizierteste Benutzerservice nicht in der Lage, bei Problemen effektiv und effizient Hilfe zu leisten. Abweichungen vom festgelegten Hard- und Softwarestandard sind deshalb nur in wohl begründeten Ausnahmefällen möglich. Der Benutzerservice übernimmt auch die Installation von Geräten und Software am Arbeitsplatz des Anwenders sowie Schulung und Beratung des Anwenders beim Einsatz. Auftretende Problemen und ihre Fehlerursachen werden von ihm ebenfalls gesammelt und ausgewertet, um im Sinn einer vorbeugenden Wartung durch Gegenmaßnahmen die Wahrscheinlichkeit für ein erneutes Auftreten der Probleme zu reduzieren. Diese enge Verbindung zum Problemmanagement legt es deshalb nahe, dem Benutzerservice auch die Rolle der ersten Anlaufstelle im Problemmanagement zuzuweisen.

Unter dem Rechenzentrum fassen wir alle Organisationseinheiten zum Betrieb der Informations- und Kommunikationssysteme zusammen, von Systemprogrammierung und Netzwerkmanagement bis zu Arbeitsvorbereitung, „Operating“ und Arbeitsnachverarbeitung. Das Aufgabengebiet der Systemprogrammierung sind das Betriebssystem und systemnahe Software, wie diejenige zur Datenhaltung. Es geht um Beschaffung und Konfigurierung der Systemsoftware, so dass die verfügbaren bzw. zu beschaffenden Hardwareressourcen optimal eingesetzt werden können (Siehe Kapitel „Datenverarbeitung“). Diese Abteilungen haben deshalb neben ihren operativen Aufgaben zu Überwachung und Steuerung im Systembetrieb auch planerische und gestaltende zu Auswahl und Konfigurierung der Systemlandschaft. Die Arbeitsvorbereitung ist unter Einbeziehung von Anwenderabteilungen und Anwendungsentwicklung für die Einplanung der Systemressourcen im Tagesgeschäft zuständig. Hier existieren Abhängigkeiten von der Menge der zu verarbeitenden Daten oder der Anzahl der Nutzer, die gleichzeitig mit einem Anwendungssystem arbeiten. Dem „Operating“ obliegt die Steuerung des vorgeplanten Systembetriebs und seine Überwachung, während sich die Arbeitsnachverarbeitung auf Drucker und Poststraße konzentriert. Aus diesen hier knapp umrissenen Aufgaben von Benutzerservice und Rechenzentrum leiten sich die Kennzahlen zur Leistungsmessung dieser Bereiche ab.

6.5.3 Sicherheitskonzept

Den Daten und Anwendungssystemen des Unternehmens drohen vielfältige Gefahren. Dies beginnt mit ungewollten Inkonsistenzen (d.h. sich widersprechenden Daten), die von fehlerhafter Software oder durch Bedienungsfehler verursacht werden können, und reicht bis zum Verlust von Daten. Dabei ist der Datenverlust als solcher noch relativ leicht zu erkennen, Inkonsistenzen jedoch ungleich schwerer und deshalb auch oft erst mit erheblicher zeitlicher Verzögerung. Diese zeitliche Verzögerung begünstigt Folgefehler und kann die Beseitigung der Mängel sehr erschweren. Neben diesen ungewollt verursachten Schäden drohen jedoch auch vorsätzlich ausgelöste Angriffe, nämlich Ausspähung, unbefugte Benutzung, Zerstörung und Manipulation. Bei der Ausspähung und der unbefugten Benutzung werden die Daten selbst nicht beeinträchtigt, jedoch gelangen unter Umständen wertvolle Informationen an Dritte, die sie nicht im Sinn des Unternehmens nutzen werden. Manipulation und Zerstörung entsprechen in ihren Auswirkungen den oben besprochenen Inkonsistenzen bzw. dem Datenverlust.

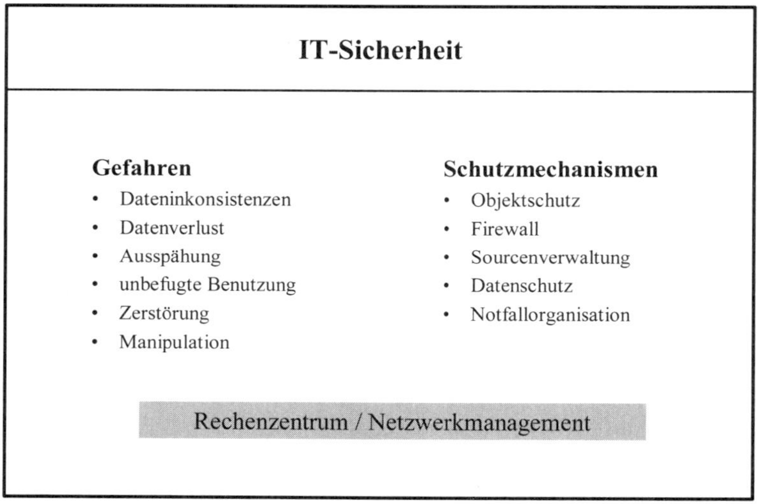

Abb. 6-9: IT-Sicherheit

Gegen diese Gefahren gibt es eine Reihe von Schutzmechanismen, die angewendet werden können. So kann man den Zugang zum Rechenzentrum und andere Kommunikationseinrichtungen für Unbefugte erschweren, z.B. durch ihre räumliche Unterbringung in geschützten Bereichen des Firmengeländes oder durch Schließanlagen mit Codewörtern und Chipkarten. Hier ergeben sich bei den anwendbaren Technologien Parallelen zu unserer gleichartigen Diskussion im Kapitel „e-Commerce“.

Eindringlinge über das Internet können mit einer Firewall auf Distanz gehalten werden. Dies ist eine Software und ggf. eine Hardware, mit der ein internes Unternehmensnetz vom externen Internet abschottet werden kann. So eine „Brandmauer“ schützt das interne Netz vor Eindringlingen, hat aber keine Sicherheitsfunktion innerhalb des Firmennetzes, d.h. sie schützt beispielsweise nicht gegenüber Mitarbeitern auf Abwegen.

Sourcenverwaltungssysteme sind Systeme zur Verwaltung der produktiven Programme der Anwendungssysteme. Sie erlauben es, alle Änderungen an den produktiven Versionen zu dokumentieren, so dass jederzeit nachweisbar ist, wer zu welcher Zeit welche Änderungen an der Software vorgenommen hat. Auf diese Weise ist u.a. eine evtl. Manipulation der Software nachweisbar. Darüber hinaus können mit ihrer Hilfe alte produktive Versionen einer Software jederzeit wiederhergestellt werden, was bei der Behebung von Schäden eine wertvolle Hilfe sein kann.

Eine weitere Maßnahme zur Erhöhung der Betriebssicherheit ist die redundante Vorhaltung von Ausrüstung. Dies reicht von Spiegelplatten über redundante Server und doppelte Anbindungen an Telekommunikationsnetze bis hin zu einem Ausweichrechenzentrum. Spiegelplatten bilden alle Veränderungen auf einem Datenträger ein zweites Mal ab und können so bei Zerstörung des ursprünglichen Datenträgers eine intakte Kopie des aktuellen Datenbestands zur Verfügung stellen. Redundante Server sind zusätzliche Rechner, die im Bedarfsfall eingesetzt werden können. Häufig wird die Ausfallsicherheit in der Form hergestellt, dass bei Ausfall eines Produktionsrechners ein Test- bzw. ein Entwicklungsrechner seine Funktion übernimmt. Dadurch kann die RZ-Produktion weiterhin aufrecht erhalten werden, lediglich Test- oder Entwicklungsbetrieb sind bis zur endgültigen Problembehebung behindert. Doppelte Anschlüsse an externe Telekommunikationsnetze, z.B. an verschiedene Netzknoten der Telekom, lassen das Unternehmen bei Zerstörung einer Anbindung, beispielsweise bei Bauarbeiten, erreichbar bleiben.

Ausweichrechenzentren sind die umfangreichste und auch kostspieligste Version redundanter Infrastrukturen. Sie ermöglichen jedoch die Fortsetzung des RZ-Betriebs auch nach kapitalen Störungen wie Bränden oder Wasserschäden im Rechenzentrum.

Diese und andere Maßnahmen zur Erhöhung der IT-Sicherheit sind alle machbar. Es kann jedoch nicht pauschal gesagt werden, welche in welcher Ausgestaltung durchgeführt werden soll. Denn dies hängt ab von der unternehmensspezifischen Bedrohungsanalyse und der Einschätzung möglicher Auswirkungen auf den Geschäftsbetrieb in Relation zu den erforderlichen Aufwendungen. Dies zu erkennen, angemessene Maßnahmen zu planen und umzusetzen ist Aufgabe des Sicherheitsmanagements.

6.5.4 Kapazitätsplanung

Aus den bislang diskutierten Sachverhalten ist auch erkennbar geworden, dass Aufbau und Betrieb einer Informations- und Kommunikationsinfrastruktur erhebliche Investitionen erfordern und nicht von heute auf morgen zu bewältigen ist. Auch verändern sich die Anforderungen, sei es dass neue Funktionalitäten gewünscht werden, neue Anwendungssysteme mit zu betreiben sind oder sich das Mengengerüst der zu verarbeitenden Daten verändert. Einerseits soll die bereitstehende Infrastruktur ausreichend sein, um die Anforderungen an Durchsatz, Performance und Dienstleistungsqualität zu befriedigen, andererseits soll dies kostengünstig erfolgen. Es ist also nicht möglich, großzügig Kapazitäten vorzuhalten, die dann letztendlich nicht benötigt werden. Aber es ist auch nicht erwünscht, durch Leistungseinschränkungen, andere Betriebsteile bei der Arbeit zu behindern. Die Optimierung der Dienstleistung steht der Optimierung der Kosten oft im Weg. Diesen gegenläufigen Zielen gleichzeitig halbwegs gerecht zu werden, das ist die Aufgabe der Kapazitätsplanung. Es benötigt hierzu Zuarbeiten sowohl vom Problemmanagement und Performancemanagement bzgl. der aktuellen Auslastung und der Engpässe und es benötigt Vorgaben über die voraussichtliche Entwicklung des Geschäftsbetriebs und der zukünftig erwarteten Leistung.

6.5.5 IT-Controlling

Eng verknüpft mit den bislang besprochenen Aspekten des Managements der Informatik ist das IT-Controlling. Hier geht es zunächst darum, zwischen IT-Abteilung und Fachabteilungen anhand der oben beschriebenen Kennziffern ein Dienstleistungsniveau zu vereinbaren (Service Level Agreement), das zugleich Grundlage für die Verrechnung der entstehenden Kosten ist.

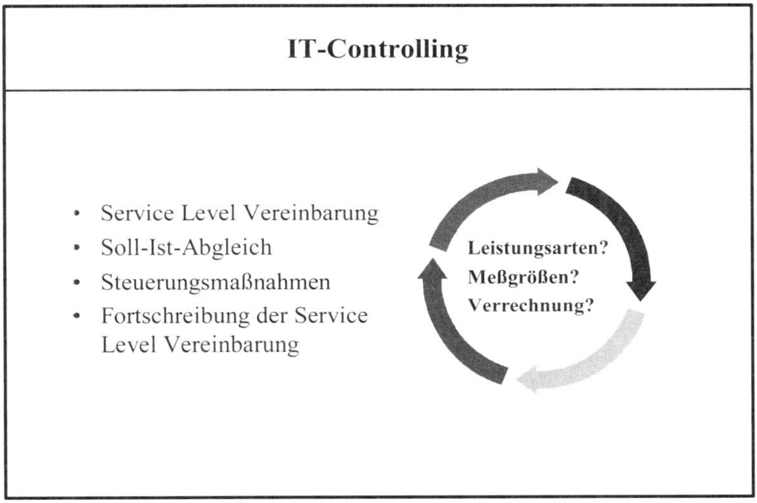

Abb. 6-10: IT-Controlling

Später kann die Einhaltung des vereinbarten Dienstleistungsniveaus ebenfalls an Hand dieser Kennziffern überprüft werden. Bei Abweichungen sind steuernde Maßnahmen zu ergreifen, ggf. ist aber auch die Vereinbarung zum Dienstleistungsniveau bezüglich Umfang und Qualität fortzuschreiben. Damit schließt sich der Kreis, denn auch die fortgeschriebene Vereinbarung ist in der Praxis zu überprüfen und später weiter fortzuschreiben. IT-Controlling ist ein immerwährender Prozess, der sich um die Verfügbarkeit der gewünschten Leistung sowie die damit verbundenen Kosten dreht.

6.6 Datenschutz und Mitbestimmung

Der Einsatz von Informations- und Kommunikationssystemen ist jedoch mehr als eine rein technische und ökonomische Aufgabe. In unserer bisherigen Diskussion ist sichtbar geworden, dass es sich um erhebliche Veränderungen handeln kann, deren Auswirkungen weit in die Arbeitswelt und hinein bis in den Privatbereich der Kunden reichen. So verwundert es nicht, dass vielfältige gesellschaftliche und auch rechtliche Rahmenbedingungen beim Einsatz von Informations- und Kommunikationstechnologien zu beachten sind. Wir konzentrieren uns hier auf den Aspekt des Datenschutzes, der alle Teilnehmer am Wirtschaftsprozess berührt und auf denjenigen der betrieblichen Mitbestimmung, der die Arbeitnehmer der Unternehmen betrifft. Beide Aspekte können bei der Unterstützung betrieblicher Vorgänge durch IT-Systeme zu Restriktionen bei Einführung und Betrieb führen. Im nachfolgenden Abschnitt beleuchten wir diese Aspekte, konzentrieren uns dabei jedoch auf die z.Z. in der Bundesrepublik Deutschland geltenden Vorschriften.

6.6.1 Datenschutz

Beim Datenschutz geht es vorrangig um die Bewahrung schutzwürdiger Belange von Betroffenen, deren Daten erhoben und verarbeitet werden. Betroffen sind in der Wirtschaft meist Privatpersonen in ihrer Rolle als Kunde und die Beschäftigten der Unternehmen. Rechtsgrundlage ist in erster Linie das Bundesdatenschutzgesetz (BDSG).

Getreu der Devise, dass Daten, die nicht erhoben und verarbeitet werden, auch nicht missbraucht werden können, liegt der Fokus der gesetzlichen Regelung zunächst auf der vorbeugenden Einschränkung. So sind Erhebung, Verarbeitung und Nutzung personenbezogener Daten zunächst einmal prinzipiell verboten, es sei denn eine Rechtsvorschrift oder der Betroffene erlauben dies (§4 BDSG). Sodann muss die Erhebung der Daten beim Betroffenen selbst erfolgen, es sei denn eine der folgenden Ausnahmen träfe zu: eine Rechtsvorschrift erlaubt von der Erhebung beim Betroffenen abzuweichen oder die zu erfüllende Aufgabe macht es ihrer Art nach erforderlich davon abzuweichen oder die Erhebung beim Betroffenen würde einen unverhältnismäßig hohen Aufwand erfordern und dem stehen auch keine schutzwürdigen Belange des Betroffenen entgegen. Werden die Daten beim Betroffenen erhoben, so ist er darüber zu informieren, welche Stelle verantwortlich ist für die Erhebung, Verarbeitung und Nutzung seiner Daten, für welchen Zweck dies erfolgt und was für Kategorien von Empfängern die Daten erhalten, es sei denn er hätte bereits auf andere Weise davon Kenntnis erlangt bzw. er muss den Umständen des Einzelfalls nach mit der Übermittlung an bestimmte Kategorien von Nutzern rechnen. Unter einer verantwortlichen Stelle werden dabei sowohl Unternehmen der Wirtschaft, aber auch genauso Behörden, Vereine oder auch Privatpersonen verstanden, die personenbezogene Daten erheben, verarbeiten oder nutzen.

Bundesdatenschutzgesetz

Allgemeinverbindliche Vorschriften (§4 BDSG)
- Verbot der Erhebung Verarbeitung und Nutzung personenbezogener Daten
- Zulässigkeit unter besonderen Bedingungen
- Obliegenheitspflichten der verantwortlichen Stelle

Vorschriften für Unternehmen im Wettbewerb (§27 - 31 BDSG)
- Datenerhebung, Verarbeitung und Nutzung für eigene Zwecke
- Geschäftsmäßige Datenerhebung und -speicherung zum Zweck der Übermittlung

=> Regelung der Rechte der Betroffenen (§33 - 35 BDSG)
=> Technisch-Organisatorische Maßnahmen (§9 BDSG)

Abb. 6-11: Bundesdatenschutzgesetz

Es gibt dann aber noch nähere Vorschriften für Unternehmen im Wettbewerb, wobei unterschieden wird zwischen Datenerhebung, Datenverarbeitung und Datennutzung für eigene Zwecke und geschäftsmäßiger Datenerhebung und Datenspeicherung zum Zweck der Übermittlung. Geschäftsmäßige Übermittlung zielt z.B. auf die Marktforschung, den

Adresshandel und die Tätigkeit von Auskunfteien, d.h. auf spezielle Geschäftsfelder, in denen letztendlich mit Informationen gehandelt wird. Die Mehrzahl der Unternehmen jedoch erhebt, verarbeitet und nutzt Daten lediglich für eigene Zwecke. Wir konzentrieren uns im Folgenden auf diesen Fall. Das Erheben, Speichern, Verändern, Übermitteln und Nutzen personenbezogener Daten für die Erfüllung eigener Geschäftszwecke ist im §28 BDSG geregelt. Es ist zulässig, wenn es der Zweckbestimmung eines Vertragsverhältnisses oder vertragsähnlichem Vertrauensverhältnis, z.B. für die Angebotsabgabe, mit dem Betroffenen dient. Es ist auch zulässig, wenn es zur Wahrung berechtigter Interessen des Unternehmens erforderlich ist, die Daten allgemein zugänglich sind oder die Daten veröffentlicht werden dürften, es sei denn ein schutzwürdiges Interesse des Betroffenen würde überwiegen.

Der präventive Charakter des Datenschutzgesetzes drückt sich weiter aus in Bestimmungen zu Datenvermeidung und Datensparsamkeit, zu Auskunftsrechten der Betroffen bzgl. der zu ihrer Person gespeicherten Daten und zu den Rechten auf Berichtigung falscher Daten bzw. die Sperrung und Löschung von Daten. Darüber hinaus werden allen Stellen, die personenbezogene Daten erheben, verarbeiten oder nutzen, sog. „technische und organisatorische Maßnahmen" auferlegt (§9 BDSG), allerdings mit der Einschränkung, dass der Aufwand in einem angemessenen Verhältnis zum angestrebten Schutzzweck steht. An technisch-organisatorischen Maßnahmen werden benannt:

- **Zutrittskontrolle**, z.B. Sicherheitstüren, Bewegungsmelder, Raumkameras, Türschließanlagen mit Berechtigungsprüfung
- **Zugangskontrolle**, z.B. Prüfung von Benutzerberechtigung und Passwort
- **Zugriffskontrolle**, z.B. Einrichten von Dateiberechtigungen, Zugriffsartbeschränkung, Sourcenverwaltungssysteme
- **Weitergabekontrolle**, z.B. Datenträgernachweise, Datentransferprotokolle, Verschlüsselung, digitale Signatur
- **Eingabekontrolle**, z.B. Speicherung des Sachbearbeiters, Prüfziffernverfahren
- **Auftragskontrolle**, z.B. Instrument schriftlicher IT-Aufträge
- **Verfügbarkeitskontrolle**, z.B. Aufbewahrung der Datenträger in gesicherten Räumen, ausgelagertes Archiv

- **Verarbeitungskontrolle,** z.B. getrennte Verarbeitung von zu unterschiedlichen Zwecken erhobenen Daten

Die Parallelen zur weiter oben besprochnen IT-Sicherheit sind augenfällig. Die Vorschriften des Bundesdatenschutzgesetzes nützen offensichtlich nicht nur den Betroffenen sondern auch den Unternehmen. Datenschutz und IT-Sicherheit sind sozusagen Geschwister.

6.6.2 Betriebliche Mitbestimmung

Rechtsgrundlage der betrieblichen Mitbestimmung ist in Deutschland das Betriebsverfassungsgesetz (BetrVG) oder je nach Zuständigkeit die Personalvertretungsgesetze des Bundes oder der Länder. Diese sind nicht einheitlich gestaltet und werden auch gelegentlich novelliert. Für die mehr grundsätzlichen Ausführungen an dieser Stelle ist dies jedoch weniger wichtig, weil sich an der prinzipiellen Zielrichtung meist nicht viel ändert. Es geht jetzt aber ausschließlich um die besonderen Schutzbedürfnisse der Beschäftigten in den Unternehmen, wobei das Gesetzt festlegt, welche im Rahmen der betrieblichen Mitbestimmung zu beachten sind. Diejenigen, die in Zusammenhang mit Einführung und Betrieb von Informations- und Kommunikationssystemen von Bedeutung sind, sind in Abbildung 6-12 aufgeführt.

Zunächst rühren die Schutzinteressen der Beschäftigten i.d.R. daher, dass die Anwendungssysteme neben ihrem originären Zweck, nämlich der Unterstützung der Geschäftsprozesse, auch noch Nebenwirkungen haben. So werden bei Änderungen an Datenbeständen (z.B. den Auftragsdaten oder den Personalstammdaten) häufig alle Bearbeitungsschritte protokolliert. Aus Nachweisgründen wird zudem festgehalten, wer wann welche Änderung (z.B. die Erhöhung des Monatsgehalts bei einem Mitarbeiter) vorgenommen hat. Damit ergibt sich aber zugleich die Möglichkeit, maschinell festzustellen, wie viele Vorgänge von einem Sachbearbeiter in einer bestimmten Zeit bearbeitet wurden oder wie oft Bearbeitungsschritte nachgebessert werden mussten. Diese Informationssysteme sind also geeignet, das Verhalten und die Leistung zu überwachen und das ist entsprechend §87 Abs.1 BetrVG ein Mitbestimmungsgrund.

Schutzinteressen von Beschäftigten
•Keine unangemessene Überwachung von Verhalten und Leistung •Qualifizierung bei neuen Anwendungssystemen •Betreuung als Nutzer von Anwendungssystemen •Gesundheitsschutz (z.B. bei Bildschirmarbeitsplätzen) •Keine unbillige Arbeitsverdichtung •Beschäftigungsschutz (keine Tätigkeitsverarmung) •Alternativ-Angebote bei Wegfall von Arbeitsplätzen

Abb. 6-12: Schutzinteressen von Beschäftigten

Weitere Schutzbedürfnisse, vor allem bei der Einführung neuer Anwendungssysteme, liegen bei Ausbildung und Einarbeitung der Beschäftigten, evtl. auch beim Gesundheitsschutz, z.B. bezüglich strahlungsarmer Bildschirme oder von zusätzlichen Pausen bei intensiver Bildschirmarbeit. Ein anderer Mitbestimmungsgrund könnte das Vorliegen einer grundlegend neuen Arbeitsmethode oder eine grundlegende Veränderung der Betriebsorganisation sein. Unsere Diskussion um Dokumenten- und Workflowmanagement und die Verlagerung von Arbeiten hin zum Außendienst oder hinein in „Call Center“ ist ein Beleg für die entsprechende Brisanz. Dies mag zu Arbeitsverdichtung im Außendienst und zu gleichzeitiger Verarmung von bestimmten Tätigkeiten im Innendienst führen, evtl. fallen sogar Arbeitsplätze ganz weg. Im Einzelfall können Informations- und Kommunikationstechnologien sogar Auslöser für eine Betriebsänderung nach §111 BetrVG sein, die wesentliche Nachteile für erhebliche Teile der Belegschaft zur Folge haben kann, z.B. wenn das „Call Center“ ausgegliedert und in ein anderes Unternehmen eingebracht wird. Da ist der Betriebsrat rechtzeitig und umfassend zu unterrichten und die geplante Betriebsänderung ist mit ihm zu beraten. Wahrscheinlich stehen Verhandlungen für einen Personalüberleitungsvertrag oder zu Interessenausgleich und Sozialplan an.

Die Beispiele zeigen, dass Informations- und Kommunikationstechnologien praktisch immer Auswirkungen haben können, welche die Einbindung des Betriebsrats erforderlich machen. Im Konfliktfall kann die Vertretung der Mitarbeiterinteressen die Umsetzung von geplanten Maßnahmen auf lange Zeit behindern. Andererseits machen sich da aber auch offenes Informationsverhalten, Gespür für die Befürchtungen in der Belegschaft und ein fairer Umgang miteinander in der Beschleunigung von Vorhaben bezahlt.

6.7 Zusammenfassung

Informations- und Kommunikationstechnologien haben unternehmerischen Charme. Sie können erheblich dazu beitragen, ein Unternehmen erfolgreich am Markt zu positionieren und erfolgreich am Markt zu halten. Informationsmanagement kann in diesem Zusammenhang jedoch kein einmaliger Vorgang sein. Sowie sich das Unternehmensumfeld ständig verändert, benötigt man ein kontinuierliche Nachführung der Informations- und Kommunikationsstrategie. Die rechtzeitige Berücksichtigung der rechtlichen Rahmenbedingungen und der Interessen der Belegschaft erleichtert die Arbeit.

Zum Zweck der Vertiefung führen wir ein paar Literaturhinweise an:

- Gulbins, Jürgen, et al.: Dokumenten Management, 3. Auflage, Springer, Heidelberg, 2002
- Heinrich, Lutz J.: Informationsmanagement", 7. Auflage, Oldenbourg, München, 2002
- Krcmar, Helmut: Informationsmanagement, 3. Auflage, Springer, Heidelberg, 2003
- Richter von Hagen, Cornelia & Stucky, Wolffried: „Business-Process- und Workflow-Management, Teubner, Wiesbaden, 2004
- Schlemann, Berndt: Recht des betrieblichen Datenschutzbeauftragten, 2. Auflage, Datakontext, Frechen, 2001
- Totok, Andreas: Modellierung von OLAP- und Data-Warehouse-Systemen, Gabler, Wiesbaden, 2000

Stichwortverzeichnis